Melanom-Aufklärung und Melanom-Früherkennung

Eberhard Paul / Christoph Bäuml

Melanom-Aufklärung und Melanom-Früherkennung

Historische Entwicklung und die Anfänge in Deutschland

PL ACADEMIC RESEARCH

Bibliografische Information der Deutschen Nationalbibliothek
Die Deutsche Nationalbibliothek verzeichnet diese Publikation in der Deutschen Nationalbibliografie; detaillierte bibliografische Daten sind im Internet über http://dnb.d-nb.de abrufbar.

Umschlagabbildung: © Jules Stauber

Gedruckt auf alterungsbeständigem,
säurefreiem Papier.

ISBN 978-3-631-64595-6 (Print)
E-ISBN 978-3-653-04734-9 (E-Book)
DOI 10.3726/978-3-653-04734-9

PL Academic Research ist ein Imprint der Peter Lang GmbH.

Peter Lang – Frankfurt am Main · Bern · Bruxelles · New York ·
Oxford · Warszawa · Wien

Diese Publikation wurde begutachtet.

www.peterlang.com

Inhaltsverzeichnis

Historischer Rückblick

Das Melanom: der „bösartigste Tumor der Menschen"

Melanome gibt es seitdem es Menschen gibt. Schon in präkolumbianischen und ägyptischen Mumien fand man Ansammlungen von Pigment, was Melanom-Metastasen entsprechen könnte.

Lange hat die Lehre von Hippokrates das medizinische Handeln geprägt. So auch mit dem Spruch „Alle, die an verborgenen Krebsschäden leiden, lässt man am besten unbehandelt; denn behandelt gehen sie rasch zu Grunde; unbehandelt hingegen bleiben sie noch lange Zeit am Leben".

Bekräftigt wurde diese Meinung auch im Mittelalter z. B. durch Gabriele Fallopia (1523-1552): „So lange der Krebs ruht, soll auch der Arzt ruhen" (Zitat aus Petra Schramm: Krebs)

Im Grunde genommen schwingt diese Angst auch heute noch bei vielen Patienten mit, wenn sie immer noch glauben, dass „durch daran rühren, der Krebs erst richtig „wild" würde", was erst mit Einführung der Früherkennung eindeutig widerlegt werden konnte.

Deshalb musste auch mit der Früherkennung und Frühbehandlung erst diese Urangst von Betroffenen und Ärzten überwunden werden.

Retrospektiv kann man diese Interpretation der Ereignisse bei einem Tumor wie z. B. dem Melanom sogar nachvollziehen, wenn auch zahlreiche Fehlinterpretationen der Ereignisse zu einem solchen Schluss führen.

Der Patient sah zunächst über Jahre ein auffallendes Mal, das aus der Masse der übrigen Muttermale herausragte. Geprägt von der Vorstellung: „Nur nicht daran rühren" (Noli me tangere) ließ man die günstige Zeit der Früherkennung verstreichen, bis das „Mal" exophytisch wurde, blutete oder gar ulcerierte.

Erst dann entschlossen sich die Ärzte zum Handeln; zu einem Zeitpunkt, zu dem der Pigmenttumor längst metastasiert hatte und die Metastasen – zunächst klinisch noch nicht erkennbar – in den Organen heranwuchsen. Als die alarmierenden Symptome: Juckreiz, Blutung und Ulceration zunahmen und man den Tumor schließlich mit einem „Sicherheitsabstand" von 5 cm allseits um den Tumorrand exzidierte, war diese heroische Maßnahme längst wirkungslos und das Schicksal des Patienten war durch die zuvor eingetretene Fernmetastasierung bereits besiegelt.

Auch das Einfrieren des Tumors mitsamt der umgebenden Haut oder gar eine präoperative „Letalbestrahlung" mit Röntgenstrahlen war geboren aus der Angst, dass durch „daran rühren" die Zellen erst ausgeschwemmt würden. Dass diese zusätzlichen Maßnahmen gegenüber der reinen Exzision keine Verbesserung der Prognose brachten, hätte einem zu denken geben sollen.

In vieler Hinsicht wurden die einzelnen Stadien eines „natürlichen" Verlaufs der Melanome falsch interpretiert. Man konnte sich z. B. nicht vorstellen, dass bereits ein kleiner, jedoch durch Färbung und Begrenzung auffälliger Fleck ein Melanom im Frühstadium sein könnte. Erst photokatamnestische Untersuchungen deckten auf, dass diese initialen Melanome sich doch veränderten, wenn auch sehr langsam, unter Umständen über Jahre, sodass die Veränderungen in Färbung und Gestalt dem Patienten nicht auffallen konnten.

Erst nach Jahren – als die Zeit einer Früherkennung oft schon längst verstrichen war – und die Tumoren juckten oder bluteten, entschloss man sich zur Exzision. Oft kam es dann innerhalb von zwei Jahren postoperativ zum Auftreten der Metastasen, was die Operationsskeptiker in ihrer Haltung geradezu bestärkte, weil scheinbar durch „daran rühren" der Tumor sich ausgebreitet hatte und das Schicksal des Betroffenen nun besiegelt war.

Als negatives Beispiel wurden diese Verläufe immer wieder herangezogen, wenn wieder einmal die Entscheidung für einen operativen Eingriff gefällt werden musste. So hat man aus Furcht, man könne eine Streuung des Melanoms herbeiführen, gewartet, bis „untrügliche" Malignitätszeichen auftraten und war jedes Mal erstaunt, dass ein so kleiner, oft nur Kirschkern großer Primärtumor zu einer generalisierten Metastasierung führen konnte. Sehr schnell bekam das Melanom den Anspruch, der „bösartigste" aller Tumore des Menschen zu sein

Die Früherkennung hat nun alles verändert.

Man weiß, dass auch kleinflächige Melanome, die keinerlei Symptome hervorrufen und nur aufgrund des klinischen (bes. des auflichtmikroskopischen) Befundes identifiziert werden können auch histologisch bereits alle Charakteristika eines Melanoms aufweisen.

Werden solche Tumore rechtzeitig vor Eintritt der Metastasierung entfernt, reißt die pathogenetische Kettenreaktion ab, die man früher durch Zaudern provoziert hat.

Mit einem kleinen Schnitt kann der Betroffene geheilt sein. Durch „daran rühren" in einem frühen Zeitpunkt erzielt man eine hundertprozentige Heilung, durch Abwarten in einer entscheidenden Entwicklungsphase des Tumors überlässt man den Betroffenen seinem Schicksal!

Nun wäre die Früherkennung und Vorsorge der Melanome sicher nicht so erfolgreich, wenn es sich beim Melanom nicht um den idealen Vorsorge-Tumor handeln würde.

Vier Pluspunkte begünstigen die Melanomfrüherkennung:

Die Tatsache, dass sich das Melanom an der Haut entwickelt, den Blicken des Untersuchers direkt zugänglich. Man kann leicht, ohne aufwendige oder gar schmerzhafte vorbereitende Verfahren, direkt durch Betrachten der Haut mit einer Lupe, gegebenenfalls sogar mit bloßem Auge, den Tumor lokalisieren und erkennen.

Der Tumor fällt durch seine oft dunklere Färbung auf. Damit hebt er sich aus der Schar der oft zahlreich vorhandenen Muttermale hervor. Die häufig unregelmäßige Begrenzung des Tumors und die kontrastreiche Färbung begünstigen die Diagnosestellung zusätzlich.

Die überwiegende Mehrzahl der Melanome treten bei hellhäutigen Menschen auf, die dann häufig auch zahlreiche, sogenannte dysplastische Muttermale aufweisen. Diese relative Konzentration auf eine Risikogruppe erleichtert ein Screening. Allerdings kann sowohl die klinische Diagnostik als auch die Abgrenzung von den dysplastischen Malen in Einzelfällen schwierig sein.

Das initial langsame Wachstum der Melanome und das Verharren in einer frühen kurablen Phase verbessern die Chancen einer Früherkennung erheblich. Das Melanom wartet geradezu darauf, früh erkannt zu werden. Das „Diagnostische Fenster“ der Früherkennung steht beim Melanom über viele Jahre weit offen.

Weiterführende Literatur:

Petra Schramm: Krebs – Eine Krankheit im Spiegel der Jahrtausende.

Edition Rarissima (1987)

E. Paul: Das Melanom – ein idealer Vorsorge-Tumor.

Bayerisches Ärzteblatt 7-8, S. 400-402 (2004)

Das Melanom – Der ideale Vorsorgetumor

Nur ca. 10 % aller Melanomerkrankungen sind auf genetische Prädispositionen zurückzuführen und treten demnach familiär gehäuft auf.[1] Dagegen stehen bei 90 % aller Neuerkrankungen exogene Einflüsse als Ursachen fest. Das bedeutet, dass primäre Präventionsmaßnahmen, wie z.B. Meiden des Sonnenlichtes, die Melanominzidenz stark reduzieren können. So kann jeder individuell mit dem Wissen und Einhalten von Grundregeln im Umgang mit seiner Haut sein eigenes Hautkrebsrisiko beträchtlich senken. Dabei unterscheidet man zwischen der primären Prävention im Sinne der Reduzierung der Risikofaktoren und der sekundären Prävention in Form der Früherkennung.[2]

Als wichtigster Grund für das Entstehen eines Melanoms gilt heute aufgrund epidemiologischer Daten die UV-Licht-Belastung.[3,4] Dem Schönheitsideal einer sportiven Bräunung[5] in der Gesellschaft ist es zuzuschreiben, dass das Melanom die Krebserkrankung mit der höchsten Steigerungsrate, mit 4-8 % weltweit, ist.[6] Um eine unnötige Strahlenexposition zu vermeiden, kann man eine Reihe von einfachen Maßnahmen ergreifen. Dazu gehört das Tragen Sonnenlicht-dichter Kleidung, im Sommer das Meiden von Sonnenlicht zwischen 11.00 Uhr und 15.00 Uhr, der Verzicht auf südlich gelegene Urlaubsziele in den Sommermonaten, das Nutzen von Schattenspendern wie Bäume, Markisen oder Sonnenschirme, die langsame Gewöhnung der Haut an Sonnenlicht und generell die Vermeidung von Sonnenbränden.[7] Ob die Anwendung von Sonnencremes mit hohem Lichtschutzfaktor der Entstehung eines Melanoms vorbeugt, ist heute noch nicht zweifelsfrei bewiesen[8], wird jedoch von den Experten empfohlen. Darüber hinaus sollte man zusätzliche

---

1 Polsky D., Cordon-Cardo C., Oncogenes in melanoma., S. 3087-91.
2. Paul E., Die Kunst der Sonne aus dem Weg zu gehen – Einst und heute, S. 175
3 Honigsmann H., Diepgen T., UV-induced skin cancers., J. Dtsch. Dermatol. Ges., S.26-31
4 Evans R., Kopf A., Lew R., Rigel D., Bart R., Friedman R., Rivers J., Risk factors for the development of malignant melanoma. Review of case-control studies., J. Dermatol. Surg. Oncol., S. 393-408
5 Fritsch P., Dermatologie Venerologie, S. 630
6 Fritsch P., Dermatologie Venerologie, S. 630
7 Paul E., Die Kunst der Sonne aus dem Weg zu gehen – Einst und heute, S. 177
8 Strahlenschutzkommission (SSK), Ultraviolettes Licht und malignes Melanom, S. 5

künstliche Strahlungsquellen wie das Solarium meiden. Als besonders risikoreich gilt nach heutigem Wissensstand die intermittierende Sonnenbelastung speziell im Kindes- und Pubertätsalter, welche melanozytäre Nävi[9] und Melanome verursacht[10], sowie die kumulative Strahlenexposition, welche mit dem Auftreten von epithelialem Hautkrebs und dessen Vorstufen korreliert.[11] Das bedeutet, dass in der Zeit, in der die Prävention am wichtigsten ist, in der Kindheit und Jugend, die Eltern eine entscheidende Rolle spielen. Beruflich bedingte hohe Sonnenstrahlenbelastungen sollen dagegen-außer in Ausnahmefällen- eher kein größeres Hautkrebsrisiko zur Folge haben.[12] Dadurch dass man die Risikogruppen kennt, kann die Prävention sinnvoll fokussiert werden. Bekannte Risikogruppen sind die Hauttypen I und II nach Fitzpatrick, Träger von dysplastischen oder congenitalen Nävi, Patienten mit vorausgegangenem Melanom und bei familiärer Häufung.[13] Hinzu kommen die Träger von Sommersprossen sowie roten und blonden Haaren.[14]

Bei der Prävention muss man auch die Früherkennung von Melanomen und ihrer Frühformen mit einbeziehen. Allein die Lokalisation von Melanomen an der sichtbaren Hautoberfläche[15] führt dazu, dass viele Patienten frühzeitig Veränderungen ihrer Haut selbst bemerken und einen Arzt konsultieren. Wobei auch das voraussetzt, dass die Bevölkerung für Hautbildveränderungen sensibilisiert ist und somit Aufklärungsarbeit auch hier an erster Stelle stehen muss. Dann allerdings kann ein Arzt in den meisten Fällen eine kostengünstige und non-invasive Frühdiagnose, zum Beispiel unter Zuhilfenahme eines Dermatoskops, erstellen.[16] Zur Charakterisierung initialer Melanome erstellte W. Stolz mit Mitarbeitern zudem die ABCD-Regel (**A**symmetry, **B**order, **C**olor, **D**iameter) erstellt.[17] Diese wurde später zur ABCDE-Regel (**E**levation) erweitert.[18]

---

9 Strahlenschutzkommission (SSK), Ultraviolettes Licht und malignes Melanom, S. 37

10. http://www.uke.de/institute/transplantations-akademie/downloads/klinik-hepatobiliaere-chirurgie-viszerale-transplantation/Praevention.pdf; 13.06.2009

11 SSK, Ultraviolettes Licht und malignes Melanom, S.3

12 SSK, Ultraviolettes Licht und malignes Melanom, S.64

13 Paul E., Das Melanom – ein idealer Vorsorgetumor, S. 400

14 SSK, Ultraviolettes Licht und malignes Melanom, S.4

15 Paul E., Das Melanom – ein idealer Vorsorgetumor, S. 400

16 Paul E., Das Melanom – ein idealer Vorsorgetumor, S. 401

17 Reinhold U., Breitbart E., Hautkrebsprävention, S. 109

Anhand dieser leicht zu merkenden Regel ist es für jeden verhältnismäßig einfach geworden, Risikoläsionen zu erkennen oder zu erahnen. Auch die Kontrolle von bestehenden Nävi stellt eine wichtige Präventionsmaßnahme dar, da man nach photokatamnestischen Untersuchungen davon ausgeht, dass ca. 50 % aller Melanome aus Nävi entstehen.[19]

Für den Erfolg einer Aufklärungsarbeit ist die positive Motivation der betroffenen Risikogruppen unumstritten. Festzuhalten ist dahingehend, dass Melanome unter der Bedingung, dass sie früh erkannt werden, leicht zu heilen sind.[20] Für den Patienten ergibt das initial langsame Wachstum zusammen mit der Früherkennungsphase dieses Tumors einen Zeitraum von fast 7 Jahren, in dem ein guter Krankheitsverlauf prognostiziert werden kann.[21] Durch Exzision des Primärtumors kann dann das Leben des Patienten gerettet werden.[22] Die 5-Jahre-Überlebensrate nach der Diagnose eines malignen Melanoms beträgt bei Männern 84 % und bei Frauen sogar 88 %.[23]

Unter diesen Vorraussetzungen kann man das Melanom mit Recht als idealen Präventionstumor bezeichnen, wenn man bedenkt, dass bei einem guten Informationsstand der Bevölkerung in den meisten Fällen zum einen die Entstehung eines Melanoms verhindert und zum anderen durch die Maßnahmen zur Früherkennung eines Melanoms dem Patienten eine kurative Behandlung in Aussicht gestellt werden kann. Die Zeiten sind glücklicherweise vorbei, als das Melanom noch als der „Big Killer“ bezeichnet wurde. [24] Diese Rolle haben ihm andere Tumore (z. B. Gehirn, Pankreas und Magen) abgenommen, bei denen eine effektive Früherkennung bis heute noch nicht möglich ist.

---

18 http://www.skincancer.org/images/stories/30th_anniversary/timelineLarge.jpg; 03.08.09

19 Paul E., „Entstehung maligner Melanome auf präexistenten Pigmentläsionen. Überprüfung fder anamnestischen Angaben anhand von privaten Photoserien der Patienten“

20 Paul E., Die Kunst der Sonne aus dem Weg zu gehen – Einst und Heute, S. 175

21 Paul E., Das Melanom - ein idealer Vorsorgetumor, S. 401/402

22 Paul E., Das Melanom – ein idealer Vorsorgetumor, S. 400

23 http://www.ekr.med.uni-erlangen.de/GEKID/Doc/kid2008.pdf, 18.06.09

24 Rassner G., Dermatologie, S. 284

Geschichte der Melanomprävention

Anfänge in Australien

Gründe

In Australien wurden weltweit erstmals Melanompräventionskampagnen gestartet. Das Interesse für australische Mediziner, Melanomprävention zu betreiben, resultierte aus der hohen Anzahl der Erkrankungen an Melanomen mit tendenziell ungünstigen Krankheitsverläufen. Eine der ersten verlässlichen Inzidenzzahlen kam im Jahr 1972 aus Queensland und wies 17 Neuerkrankungen auf 100 000 Einwohner pro Jahr in Queensland auf. Damit lag diese Region Australiens im weltweiten Vergleich an der Spitze.[25] Diese global betrachtet höchsten Inzidenzraten beruhten vor allem auf einer relativ hohen UV-Strahlenbelastung in Kombination mit der für diese Region überwiegend hellhäutigen Bevölkerung.

Zur hohen UV-Lichtbelastung in Australien trägt die hohe Sonnenstundenanzahl bei. Das manifestierte sich sogar im Wortschatz der Aborigines, wo das Wort „Alunga“ („Ort mit viel Sonne“) einen Ort beschreibt, der mehr als 300 Tage im Jahr Sonnenschein hat. Der globale Spitzenwert der UV-Lichtintensität von UVI=13, nach dem international normierten UV-Index, wird zum Beispiel auch in Darwin, Australien, erreicht. In den südlichen Städten Australiens wie Sydney (UVI=10) und Melbourne (UVI=9) ist die UV-Lichtintensität, vergleichbar mit der in New York, USA, (UVI=9) aber auch noch relativ hoch. Deutschlands Spitzenwerte erreichen im Sommer in Berlin zum Beispiel einen UV-Index von 7.[26]

Im Jahr 1788 landeten erstmals Schiffe mit Häftlingen aus Großbritannien, die so genannte „First Fleet“, zur Besiedlung Australiens an dessen Küste. Durch die über die Jahre hinweg andauernden Einwanderungswellen aus Europa, vor allem aus Großbritannien, Frankreich und Deutschland, und später auch aus Asien, erlebte die Bevölkerung einen starken demographischen Wandel.[27] Einen großen Anteil an der nun dort ansässigen Bevölkerung nahm die „Parade-Risikogruppe“ ein, nämlich Auswanderer irischer Herkunft mit Sommersprossen, roten Haaren und heller Haut. So bestand die Bevölkerung in Australien im Jahr 1961 nur

25 Beardmore G. L., The Epidemology of Malignant Melanoma in Australia, S. 47
26 www.bfs.de/de/uv/uv2/uvi/world.html; 16.06.2009
27 Tolen Anna, Auswanderung – Exil oder neue Heimat, Merian, S. 46-51

noch zu ca. 0,79 % aus Ureinwohnern.[28,29] Somit wies fast die gesamte Bevölkerung für die hohe UV-Lichtbelastung in Australien einen insuffizienten Eigenschutz der Haut auf.

Zusammenfassend ergab sich in Australien eine Bevölkerung, welche in Bezug auf Melanome hauptsächlich zur Risikogruppe gehörte und dabei dem Hauptrisikofaktor des Melanoms, dem UV-Licht, einer besonders starken Exposition ausgesetzt war. Das führte unweigerlich zu den oben angeführten hohen Inzidenzraten.

Auch am Anfang des 21. Jahrhunderts wies Australien in globaler Relation mit deutlichem Abstand die höchste Melanominzidenz auf.

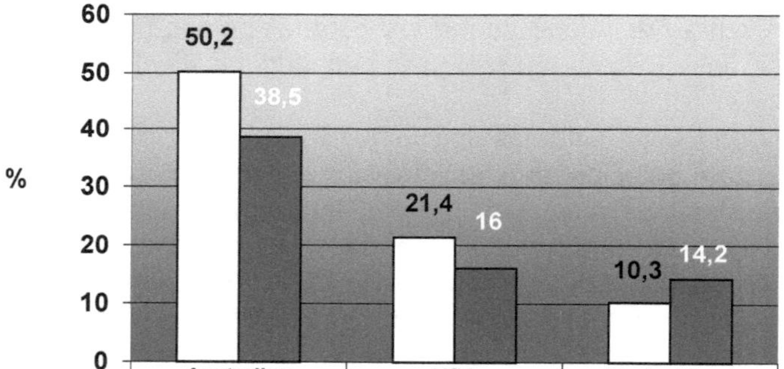

	Australien	USA	Deutschland
□ Männer	50,2	21,4	10,3
■ Frauen	38,5	16	14,2

Diagramm 1[30]: Melanominzidenz im Jahr 2002 auf 100 000 Einwohner

Die Gründe zwischen Australien, den USA und Deutschland bezüglich der geschlechtsspezifischen Unterschiede der Melanominzidenz sind nicht geklärt.

---

28 Australian Bureau of Statistics, Australian Historical Population Statistics, 2008, 2. Indigenous Population, Table 2.2

29 Australian Bureau of Statistics, Australian Historical Population Statistics, 2008, 1. Population Size and Growth, Table 1.1

30 Globocan Database 2002

Trotz der progressiven Aufklärungsarbeit stiegen die Inzidenzraten in Australien Jahr für Jahr an. Das beruhte vor allem auf den heute in Australien landestypischen Freizeitaktivitäten und dem globalen Wandel des Schönheitsideals zur attraktiven braunen Haut.

Bei der Betrachtung der Freizeitaktivitäten der australischen Bevölkerung in den Jahren 2005 und 2006 stellte man fest, dass 65,9 % der über 14-Jährigen regelmäßig Sport oder körperliche Ertüchtigung betrieben. Dabei fanden bei den Männern 9 von 10 und bei den Frauen 7 von 10 der beliebtesten sportlichen Freizeitaktivitäten im Freien statt. Bei der 5-14 Jahre alten Bevölkerung betrieben im gleichen Befragungszeitraum 63,5 % Vereinssport. Auch hier fanden unter den beliebtesten 6 Sportarten 5 zumeist im Freien statt.[31]

Aufgrund der hohen Melanominzidenz und der daraus folgenden Notwendigkeit zur Melanomprävention, übernahm Australien dabei bis heute eine Vorreiterrolle und leistete ausgezeichneter Pionierarbeit.

1963-1979

Im Juli 1963 startete unter der Leitung von Neville Davis das „Queensland Melanoma Project" am Princess Alexandra Hospital in Brisbane.[32] Im Vordergrund stand eine Studie an über 1600 Fällen von Melanomen der Haut, welche im Zeitraum von 1963 bis 1969 untersucht wurden. Außerdem war erstmals eine professionelle öffentliche Präventionskampagne in das Programm integriert. Dieses Programm stellte die ersten Präventionsbemühungen bezüglich des Melanoms weltweit dar. Bei der Prävention ging es zuerst vor allem um die Früherkennung von Melanomen, also um die sekundäre Prävention. Unterstützt wurde diese Präventionsarbeit vom Queensland Cancer Fund. Diese auf den Staat Queensland beschränkten Aufklärungskampagnen führten schon nach kurzer Zeit zu einer weltweit einzigartigen niedrigen Mortalitätsrate in dieser Region.[33] Zum einen war es der Sensibilisierung der Bevölkerung und zum anderen auch der guten Ausbildung der dortigen Ärzte zuzuschreiben, dass Melanome mit wachsender Zahl im Frühstadium diag-

---

31 http://www.abs.gov.au/AUSSTAT/abs@.nsf/bb8db737e2af84b8ca2571780015701e/0E56F8329767E640CA2573D200109B9F?opendocument; 16.01.10

32 Beardmore G. L., The Queensland Melanoma Project, S.831

33 Smith T., The Queensland Melanoma Project – an exercise in health education, S. 253/254

nostiziert wurden. Die öffentliche Aufklärung wurde dabei von der Regierung des Staates Queensland und dem Anticancer Council of Queensland unterstützt. Zur Förderung einer Nachhaltigkeit klärte man bereits Schulkinder auf und verteilte Flugblätter auch an öffentlichen Plätzen, in Kliniken, Wartezimmern und Bibliotheken. Ein originelles Lesezeichen, welches im Rahmen dieser Aktionen kreiert und in Bibliotheken ausgelegt wurde, sah wie folgt aus (s. Abb. 1).

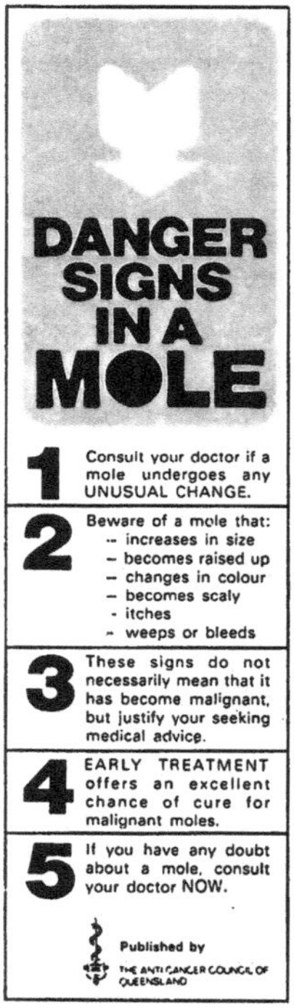

Abb. 1: Dieses Lesezeichen wurde im Rahmen des „Queensland Melanoma Project" in Australien für die öffentliche Prävention gestaltet

In den Jahren 1963 bis 1969 gestaltete die Queensland Melanoma Education Group als Teil des „Queensland Melanoma Project" einen Flyer (s. Abb. 2) und Broschüren unter dem Titel „What you need to know about Innocent Moles and Malignant Melanomas" zur Aufklärung an Schulen.

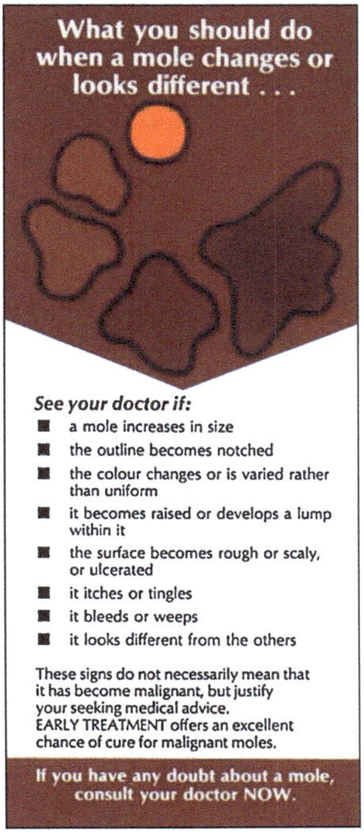

Abb. 2: Hier abgebildet ist ein Flyer der "Queensland Melanoma Education Group" aus dem Programm "What you need to know about Innocent Moles and Malignant Melanomas"

Zusätzlich nahm Neville Davis als Leiter des „Queensland Melanoma Project" jede Möglichkeit wahr, über Interviews in der Presse an die Öffentlichkeit heranzutreten und auf diesem Weg vor allem der breiten Masse die Regeln für Früherkennungsmerkmale zu erläutern.

Für Ärzte wurden ebenfalls Fortbildungsmaßnahmen geschaffen. Neben Neville Davis veröffentlichte vor allem Rodderick McLeod aus derselben Forschungsgruppe Ergebnisse der Studien. Insgesamt wurden mehr als 65 Artikel in medizinischen und wissenschaftlichen Fachzeitschriften publiziert, in denen vor allem für Ärzte relevante Informationen über das Thema Melanom enthalten waren. Einer dieser grundlegenden Artikel, „The Macroscopic Appearance of Malignant Melanoma of the Skin“ (s. Abb. 3), erschien 1966 in „The Medical Journal of Australia”.[34]

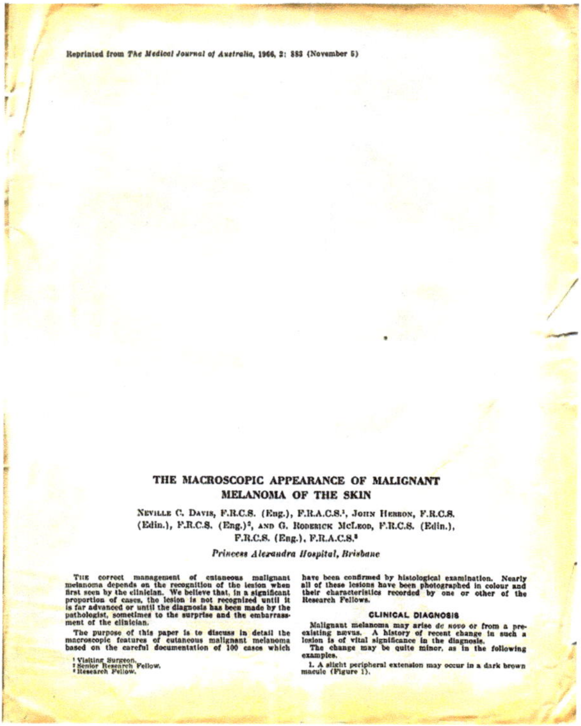

Reprinted from *The Medical Journal of Australia*, 1966, 2: 883 (November 5)

THE MACROSCOPIC APPEARANCE OF MALIGNANT MELANOMA OF THE SKIN

NEVILLE C. DAVIS, F.R.C.S. (Eng.), F.R.A.C.S.[1], JOHN HERRON, F.R.C.S. (Edin.), F.R.C.S. (Eng.)[2], AND G. RODERICK MCLEOD, F.R.C.S. (Edin.), F.R.C.S. (Eng.), F.R.A.C.S.[3]

Princess Alexandra Hospital, Brisbane

THE correct management of cutaneous malignant melanoma depends on the recognition of the lesion when first seen by the clinician. We believe that, in a significant proportion of cases, the lesion is not recognized until it is far advanced or until the diagnosis has been made by the pathologist, sometimes to the surprise and the embarrassment of the clinician.

The purpose of this paper is to discuss in detail the macroscopic features of cutaneous malignant melanoma based on the careful documentation of 100 cases which have been confirmed by histological examination. Nearly all of these lesions have been photographed in colour and their characteristics recorded by one or other of the Research Fellows.

CLINICAL DIAGNOSIS

Malignant melanoma may arise *de novo* or from a pre-existing nævus. A history of recent change in such a lesion is of vital significance in the diagnosis.

The change may be quite minor, as in the following examples.

1. A slight peripheral extension may occur in a dark brown macule (Figure 1).

[1] Visiting Surgeon.
[2] Senior Research Fellow.
[3] Research Fellow.

Abb. 3: Der Artikel „The Macroscopic Appearence of Malignant Melanoma of the Skin“ aus dem Jahr 1966 war einer der ersten Veröffentlichungen weltweit, der zur Aufklärung von Ärzten dienen sollte. Hier ist das Titelblatt des Nachdrucks aus „The Medical Journal of Australia“ abgebildet

In dieser Publikation wurde auf die Merkmale hingewiesen, welche ein Indiz für ein malignes Melanom darstellen. Mit schwarz-weißen Bildern wurden die typischen Veränderungen von Form, Farbe, Oberflächenrelief und Rändern illustriert, welche ein Melanom indizieren können

34 Davis N. C., Herron J., McLeod R., The Macroscopic Appearance of Malignant Melanoma of the Skin, Med. J. Austral.

und heute besser unter der ABCD-Regel bekannt sind. Mit diesen Informationen sollte auch den Allgemeinärzten ein Diagnosemuster an die Hand gegeben werden.

Die Forschungsgruppe des „Queensland Melanoma Project" veröffentlichte bis ins Jahr 1977 eine Reihe von Artikeln in anerkannten Fachzeitschriften, welche zum ärztlichen Fortschritt in der frühen Diagnostik beitrugen und das Bewusstsein australischer Ärzte bezüglich Melanome schärften. Damit konnte die Früherkennung verbessert und in der Folge dessen Krankheitsverläufe gemildert werden.

Im Jahr 1968 begann die schon im Jahr 1960 von Gerald Milton gegründete Sydney Melanoma Clinic neben ihrer Forschungsarbeit auf dem Gebiet des Melanoms auch mit Präventionsprogrammen. Für diesen Teil der Arbeit war jedoch vor allem William McCarthy verantwortlich, der neu zu dieser Medizinergruppe gestoßen war. Insgesamt lag das Hauptaugenmerk der Klinik aber weiterhin deutlich auf der Erforschung des Melanoms mit der Entwicklung neuer Behandlungsmöglichkeiten. Allerdings ist diese Organisation heute noch die weltweit größte „Melanoma Unit".

1980-1987

Im Jahr 1980 startete das Anti-Cancer Council of Victoria eine Präventionskampagne unter dem Slogan „SLIP! SLOP! SLAP!"[35] Die Ziele dieser Kampagne waren es, die Bevölkerung für das Thema Hautkrebs zu sensibilisieren und genauer zu informieren und ihr Strategien an die Hand zu geben, wie man sich am besten vor dem größten Risikofaktor, der Sonnenstrahlung, schützt. Dieser Slogan sollte die Bevölkerung dazu aufrufen, sich vor zu hoher UV-Lichtbelastung durch drei einfache Maßnahmen zu schützen: als erstes durch das Tragen schützender Kleidung („Slip on a shirt"), als zweites durch die Verwendung von Sonnencreme mit geeignetem Lichtschutzfaktor („Slop on sunscreen") und als drittes durch die Benutzung einer Kopfbedeckung, welche sowohl die Ohren als auch den Nacken bedeckt („Slap on a hat"). Ein plakativer Ratgeber aus dem Jahr 1983/84 sah zum Beispiel wie folgt aus (s. Abb. 4).

35 http://www.sunsmart.com.au/about_us/our_history; 03.08.09

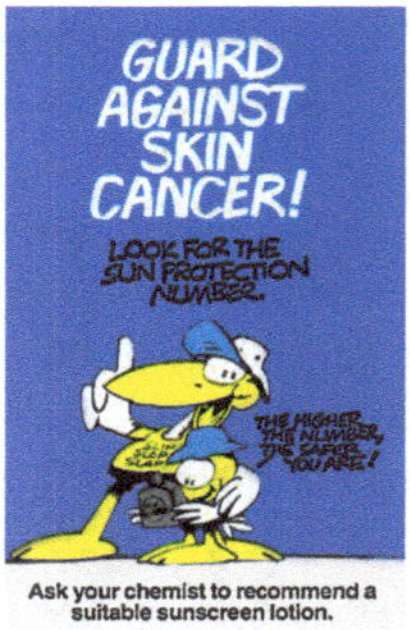

Abb. 4: Den Anfang einer Fülle kreativer Plakate des Anti-Cancer Council of Victoria für die öffentliche Prävention machte unter anderem das hier abgebildete Plakat aus dem Jahr 1983/84.

Um eine bessere Medienwirksamkeit vor allem bei Kindern zu erzielen, wurde sogar eine Comicfigur kreiert, die Möwe „Sid Seagull", welche die Thematik vor allem altersgerecht transparent und ansprechend machen sollte.

Ab 1986 wurden durch das Anti-Cancer Council of Victoria die natürlichen Möglichkeiten, sich vor UV-Licht zu schützen, in den öffentlichen Blickpunkt gerückt. Dabei stand im Vordergrund, dass vor allem zwischen 11.00 und 15.00 Uhr Aktivitäten am besten nicht im Freien geplant werden sollten. Und wenn doch, sollte man sich mit natürlichem Sonnenschutz, wie dem Schatten eines Baumes, behelfen um der starken UV-Lichtbelastung zu entgehen (s. Abb. 5).

Abb. 5: Zur Reduzierung der UV-Lichtbelastung wurde der Bevölkerung unter anderem auf diesem Plakat des Anti-Cancer Council of Victoria empfohlen, zwischen 11.00 und 15.00 Uhr direktes Sonnenlicht zu meiden

In diesem Zusammenhang wurden landesweite Pflanzungsaktionen angeregt und durchgeführt. Auch dafür wurden Poster mit „Sid Seagull" erstellt (s. Abb. 6), und sogar eine Fernsehwerbesendung mit dem Slogan „The best sunscreen is free" produziert.

Abb. 6: Zur Verringerung der Strahlenbelastung wurde das Programm „Pick up a spade and plant some shade" vom Anti-Cancer Council of Victoria ins Leben gerufen. Das dazugehörige Plakat rief dazu auf, Bäume zu pflanzen, um den natürlichen Schatten nutzen zu können.

1988-2009[36,37]

Im Jahr 1988 erweiterte das Anti-Cancer Council of Victoria sein Präventionsprogramm unter dem Titel “Sunsmart“. Das stellte gleichzeitig das erste national koordinierte Präventionsprogramm in Australien dar. Hierbei wurde auch eine jährliche National Skin Cancer Awareness Week eingeführt, welche von der Australian Cancer Society und dem Australasian College of Dermatologists durchgeführt wurde. Ein neuer Weg waren die vom Anti-Cancer Council of Victoria 1988 und 1989 entworfenen so genannten Fact Sheets. Unter anderem wurden dabei folgende Themen über dieses Medium aufgearbeitet: „Skin Cancer“, „Melanoma“ (s. Abb. 7) und „Solariums“. Wie man schon am Layout erkennt, stand die sachliche Information bei diesen Fact Sheets im Vordergrund.

Insgesamt wurden bei den neuen Aktionen nicht nur die medialen Möglichkeiten besser genutzt, sondern auch der Themenkomplex Hautkrebs mit Hintergründen, Früherkennung, Diagnose und Prognosen weiter aufgearbeitet. Die Haut wurde als lebenswichtiges Organ vorgestellt und außerdem die Fragen „Was ist Hautkrebs?“ und „Was ist ein Melanom?“ beantwortet. Besondere Aufmerksamkeit wurde den Risikofaktoren und ihrer Vermeidung gewidmet, was sich auch im Projektnamen „Sunsmart“ widerspiegelt.

Um einen lang anhaltenden Erfolg der Melanomprävention zu erzielen, wurden im Rahmen der neuen Kampagne Erziehungsprogramme erstellt, die „Educational Programms“. Ein großer Aufwand wurde vor allem für die anschauliche Aufklärung mit altersgerecht konzipierten Heften betrieben. Diese sollten sowohl Lehrer als auch Eltern zur Aufklärung anregen und sie dabei unterstützen.

Im September 1989 wurden drei Hefte herausgegeben. Eines für Grundschullehrer (gelb), eines für Lehrer von weiterführenden Schulen (grün) und eines für Schulräte (rot). Zwei Monate später, im November 1989, folgte dann noch ein Heft für Vorschullehrer (blau) (s. Abb. 8, 9, 10, 11).

---

36 Montague M., Borland R., Sinclair C., Slip! Slop! Slap! and SunSmart 1980 to 2000: Skin Cancer Control and 20 Years of Population Based Campaigning., Health Education and Behaviour Volume 28, Number 3

37 http://www.sunsmart.com.au/about_us/our_history; 16.01.10

FACT SHEET

MELANOMA

This *Fact Sheet* has been written to help you understand more about the type of skin cancer called melanoma. We hope it answers some of the questions you may have.

We can't advise about the best treatment for you. You need to discuss this with your own doctors.

If you find this *Fact Sheet* helpful, you may like to pass it on to your family and friends who might also find it useful.

If you would like information about other types of skin cancer and related conditions please ask for the *Skin Cancer Fact Sheet*, the booklet *Skin Cancer and You*, or the *Solar Keratoses Fact Sheet*.

The skin

There are two layers in the skin. The outer layer is known as the epidermis and the inner layer is called the dermis.

The dermis contains the roots of the hairs, glands that make sweat and oil, blood and lymph vessels, and nerves.

The epidermis is largely made up of cells containing keratin. Keratin is a substance that resists heat, cold and the effects of many chemicals.

The skin's pigment cells, called melanocytes (mel-a-no-cytes), give the skin its colour. Found in the bottom layer of the epidermis, they make a pigment called melanin. This pigment absorbs damaging ultraviolet rays present in sunlight. Unfortunately, most Australians can't make enough pigment to protect them against the harmful effects of our very strong ultraviolet radiation.

What is cancer?

Cancer is a disease of the body's cells. Normally, the body's cells divide in an orderly way, allowing your body to grow and to heal after an injury. Occasionally, however, some cells divide in an uncontrolled way and may grow into a lump which is called a tumour.

Tumours can be benign (not a cancer) or malignant (a cancer). Benign tumours do not spread to other parts of the body.

A malignant tumour is made up of cancer cells. These cells can spread beyond the original site. If not treated they may invade and destroy surrounding tissues.

Sometimes cells also break away from the original (primary) cancer and spread to other organs. When these cells reach a new site they may form another tumour there. This is called a secondary cancer or metastasis. For example, if a melanoma spreads to the liver it is called a secondary in the liver. It is not considered to be liver cancer, which is a separate disease.

What is melanoma?

Melanoma is a type of cancer that usually starts in the melanocytes (pigment cells) in the epidermis of the skin. However, it does occasionally occur in other parts of the body such as the eye, mouth, bowel or vagina. This *Fact Sheet* only deals with melanomas of the skin.

Melanomas tend to spread out within the epidermis before moving into the deeper layer of the skin (the dermis). While a melanoma is still only in the epidermis, it can be completely cured by surgery.

Once a melanoma has spread into the dermis it is known as an invasive melanoma. From here, cancer cells may break away and spread through blood and lymph vessels to other parts of the body.

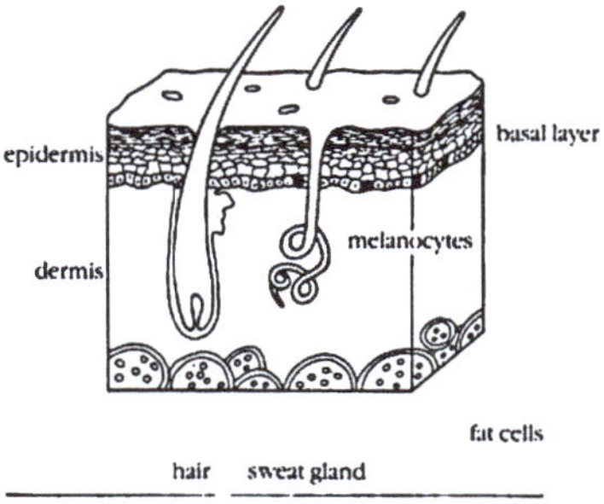

Anti-Cancer Council of Victoria
1 Rathdowne Street, Carlton South, Australia 3053. Telephone (03) 662 3300.

Abb. 7: Um den Wissensstand der Bevölkerung über verschiedene Themen bezüglich Hautkrebs zu verbessern, produzierte das Anti-Cancer Council of Victoria ein rein informatives Medium, die Fact Sheets. Als Beispiel ist hier die Titelseite des Fact Sheet „Melanoma" abgebildet.

Abb. 8, Abb. 9, Abb. 10, Abb. 11: Die Abbildungen 8-11 zeigen die Titelbilder der extra für Schulen konzipierten Hefte zur Aufklärung von Kindern und Jugendlichen. Mit vielen altersgerechten Methoden wurde hier ein großer Aufwand betrieben, um schon frühzeitig die Weichen zu stellen im Kampf gegen das Melanom.

In diesen Broschüren wurde eine Vielzahl didaktischer Methoden angewendet, um den Kindern das Thema auf eine spielerische Art näher zu bringen. So finden sich im Heft für die Grundschule z.B. anschauliche Geschichten mit „Tuku the Turtle“, Gedichte von „Sid Seagull“, Wochenendplaner mit Bezug auf die Sonnenexposition, ein eigens produziertes Lied („SLIP! SLOP! SLAP! Jingle“), ein Spiel („SLIP! SLOP! SLAP! GAME“), „Malen nach Zahlen“ und ein Puzzle. Im Heft für weiterführende Schulen finden sich einige Anregungen für Diskussionen, zum Beispiel aufgebaut auf dem Muster von Radiointerviews, Umfragebögen und Cartoons.

In die Aufklärungskampagne, und somit auch in diese Hefte, wurde ebenfalls das oben erwähnte „Planting Programm“, „Pick up a spade and plant some shade“, integriert. Im Rahmen dieser eigenen Kampagne wurden weiterhin etliche Pflanzungsaktionen an öffentlichen Plätzen und im Uferbereich an den Stränden und eben auch an Schulen angestoßen. Des Weiteren wurden für das umfassende Programm „Sunsmart“ zum Beispiel auch Aufkleber (s. Abb. 12, 13, 14), Flyer sowie Poster erstellt.

Um die sekundäre Prävention voranzutreiben, entwickelte am Ende des Jahres 1989 und im Jahr 1990 das Anti-Cancer Council of Victoria in Zusammenarbeit mit Dermatologen, Chirurgen, Allgemeinärzten, Radiologen, dem Peter MacCallum Cancer Institut und der Sydney Melanoma

Unit Broschüren und Leaflets im Rahmen der National Skin Cancer Awareness Week unter dem Titel „Freckles, Moles, Sores & Sunspots" (s. Abb. 15).

Unter diesem Titel wurde vor allem auf Gefahren eingegangen, welche von Hautbildunregelmäßigkeiten wie Sonnenflecken, Muttermalen, Sommersprossen und Wundflecken ausgehen können. Dabei wurden, bezüglich der Prävention, unter dem Motto „Scan your Skin" vor allem Tipps zur Früherkennung von Hautbildveränderungen vermittelt, welche heute unter dem Namen „ABCD-Regel" bekannt sind.

Abb. 12, Abb. 13, Abb. 14: Diese drei Aufkleber sind Teil der umfassenden Veröffentlichungen des Anti-Cancer Council of Victoria und eine weitere Nutzung der Möglichkeiten, der Bevölkerung Regeln für den Umgang mit der Sonne an die Hand zu geben. Durch ihr relativ kleines Format passten die Aufkleber zum Beispiel ideal auf Autos oder Schultaschen und trugen so durch ihre klare Information deutlich zur allgemeinen Prävention bei.

Die ABCD-Regel wurde von der Arbeitsgruppe um Braun-Falco entwickelt und unter anderem im Jahr 1994 mit zwei Artikeln, in einer Amerikanischen und einer Europäischen Fachzeitschrift, bekannt gemacht.[38,39]

---

38 Stolz W., Riemann A., Cognetta A., Pillet L., Abmayr W., Hölzel D., Bilek P., Braun-Falco O., Landthaler M., ABCD rule of dermatoscopy: a new practical method for early recognition of malignant melanoma., Eur. J. Dermatol., S. 521-527

39 Nachbar F., Stolz W., Merkle T., Cognetta A., Vogt T., Landthaler M., Bilek P., Braun-Falco O., Plewig G., ABCD rule of dermatoscopy. High prospective value

Im Heft „Freckles, Moles, Sores & Sunspots“ wurde darauf hingewiesen, dass Veränderungen der Farbe, Form, Wachstum und Oberflächenbeschaffenheit Indizien für die Malignität einer Hautbildveränderung sein können. Die Intention dabei war nicht, die Bevölkerung zur alleinigen Selbstdiagnose zu ermutigen, sondern vielmehr die Menschen dazu zu bewegen, bei einer möglichen Risikoläsion früher einen Arzt zu konsultieren. Zusätzlich wurden in jedem Staat jährliche kostenlose Hautkrebsvorsorgeuntersuchungen organisiert. Besonders verdient machte sich in dieser Zeit Robin Marks, nationaler Koordinator der Hautkrebskontrollprogramme in Australien.

Abb. 15: Das ist das Titelblatt einer Broschüre, welche zur National Skin Cancer Awarness Week produziert wurde. Hierin wird sehr fundiert über verschiedene Hautbildveränderungen informiert.

Um die aktuelle Situation und Entwicklungen von Melanominzidenzen zu erfahren, wurden in jedem Staat Krebsregister angelegt und Umfragen der Bevölkerung zur direkten Rückkopplung durchgeführt. Das Ziel dabei lag darin frühzeitig mit gezielten Präventionskampagnen eventuellen negativen Entwicklungen entgegen treten zu können. Dieses Vorgehen ist bis heute erhalten geblieben.

---

in the diagnosis of doubtful melanocytic skin lesions., J. Am. Acad. Dermatol., S. 551-559

Im Jahr 1990 trat das Anti-Cancer-Council of Victoria mit Unterstützung der Städtischen Arbeitnehmervereinigung mit einem Ratgeber in Form eines informativen Heftes an die regionalen Regierungsvertreter heran. Dabei wurden unter anderem Anregungen zur Gestaltung öffentlicher Einrichtungen vorgestellt, um an diesen Einrichtungen die UV-Lichtexposition zu verringern. Ein weiterer wichtiger Gesichtspunkt war zudem, die Sonnenstrahlenexposition für städtische Angestellte im Außendienst zu verringern.

In der Mitte der 90er Jahre erstellte die Sydney Melanoma Unit bei ihrer Präventionsarbeit ein bis heute sehr bekanntes Plakat. Auf diesem Plakat (s. Abb. 16) wird das Augenmerk des Betrachters auf die bis dahin schon mehrmals in den Blickpunkt geratenen Veränderungen von Muttermalen gerichtet. Diese anschauliche Version in Form eines Posters trug erheblich zur Breitenwirkung der Melanomaufklärung bei.

Die Sydney Melanoma Unit ist im Jahr 1983 aus der Sydney Melanoma Clinic hervorgegangen. Diese wechselte zu dem größeren Krankenhaus in Sydney, dem Royal Prince Alfred Hospital, um bessere Forschungsbedingungen auszunützen.

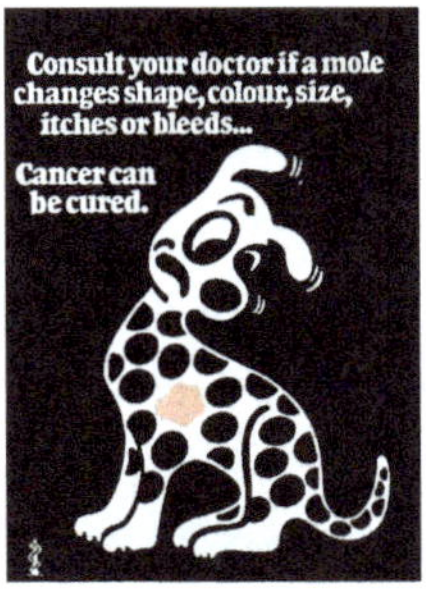

Abb. 16: Das hier abgebildete, von der Sydney Melanoma Unit verbreitete, Plakat aus der Mitte der Neunziger Jahre ist weltweit eines der bekanntesten überhaupt und trug erheblich zur Sensibilisierung der Bevölkerung Australiens bei.

Von 1991 bis heute wurden die jeweiligen Programme durch einprägsame, jeweils aktuelle Werbespots im Fernsehen unterstützt, um zeitgemäß die jüngeren Generationen mit diesem Thema in Kontakt zu bringen. Zum Beispiel lief von 1991 bis 1993 eine umgewandelte Version von Joe Cockers „Leave your hat on" als TV-Spot zum Thema „SLIP!SLOP!SLAP!". Von 1996 bis 1998 wurde der Spot „How to remove a skin cancer" ausgestrahlt. Zudem wurden weitere Trailer wie in den Jahren 2000/2001 „Timebomb", 2004/2005 „Tattoo" und 2008 „Clare Oliver´s No tan is worth dying for" produziert.[40] Insgesamt wurde das Medienspektrum breitflächig genutzt. Im September 2008 wurde der SLIP!SLOP!SLAP!-Jingle aufgefrischt und aktualisiert. Derzeit lautet der bekannteste Slogan SLIP!SLOP!SLAP!SEEK!SLIDE! (s. Abb. 17)[41] und schließt, neben den ersten drei Faktoren, noch die zwei folgenden Empfehlungen mit ein: die Suche nach Schatten (SEEK!) und die Benutzung von Sonnenbrillen (SLIDE!).

Abb. 17: Der aktuelle Slogan des Anti-Cancer Council of Victoria "SLIP! SLOP!SLAP!SEEK! SLIDE!" ist auf der Homepage der Organisation zu finden. Präsentiert wird der Slogan auch heute noch von der Comic-Figur „Sid Seagull"

Insgesamt gibt es wohl kaum ein Land, welches aus gutem Grund auf nationaler Ebene eine so umfassende und gut organisierte Präventionsarbeit leistet wie Australien.

---

40 http://www.sunsmart.com.au/news_and_media/media_campaigns; 01.07.09
41 http://www.sunsmart.com.au/about_us/our_history; 12.01.10

Zweite Welle in den USA

Gründe

In den Vereinigten Staaten führten dieselben Faktoren wie in Australien, jedoch zeitlich verzögert und in abgeschwächter Form dazu, dass die Inzidenz an Melanomen im globalen Vergleich hinter Australien und Neuseeland die dritthöchste war. Mit der hohen Fallzahl als Motivation wurden auch in den USA die Medizin und kurz darauf auch Hilfsorganisationen wie Krebsverbände relativ früh auf das Melanom aufmerksam. Im Folgenden stelle ich die Gründe für die hohen Inzidenzzahlen in den USA dar.

Auch in den USA machten die Ureinwohner, seit Beginn der Aufzeichnungen über die ethnische Zusammensetzung der Bevölkerung, nur noch einen geringen Anteil aus. Die größte Bevölkerungsgruppe der USA stellten wie in Australien Menschen mit heller Hautfarbe mit meist europäischen Ursprüngen dar (s. Diagramm 2). Für die trotzdem niedrigere Inzidenz im Vergleich zu Australien sind vor allem die zwei folgenden Aspekte zu beachten.

Der Anteil der Bevölkerung mit erwiesenermaßen geringem Melanomrisiko ist in den USA relativ hoch. Die Bevölkerungsgruppe mit afrikanischem Ursprung macht in der Gesamtbevölkerung in den USA seit 1900 beständig über 10 % aus. Hinzu kommt die ethnische Gruppe der Hispanics mit ihren familiären Ursprüngen aus Lateinamerika oder der iberischen Halbinsel. Da diese zu großen Teilen zu den Hauttypen 3 und 4 nach Fitzpatrick gehören, weist auch diese Gruppe ein relativ geringes Melanomrisiko auf. Somit hatten zum Beispiel im Jahr 1970 mehr als 11,1 % der Bevölkerung der USA ein deutlich vermindertes Melanomrisiko (s. Diagramm 2).

Auch war die UV-Lichtbelastung, vor allem in den südlichen Teilen der USA, zwar in globaler Relation relativ hoch, jedoch im Vergleich zu Australien immer noch geringer (s. S. 15). In New Mexico (USA), wo die Präventionsarbeit in den USA ihren Ursprung hat, wurden zum Beispiel im Sommer Spitzenwerte des UV-Index gemessen. Dennoch lag der Durchschnitt des UV-Index über das gesamte Jahr gesehen deutlich niedriger, da die UV-Lichtintensität in den Frühlings-, Herbst- und Wintermonaten im Gegensatz zu Darwin (Australien) zum Beispiel stark abnimmt.[42,43]

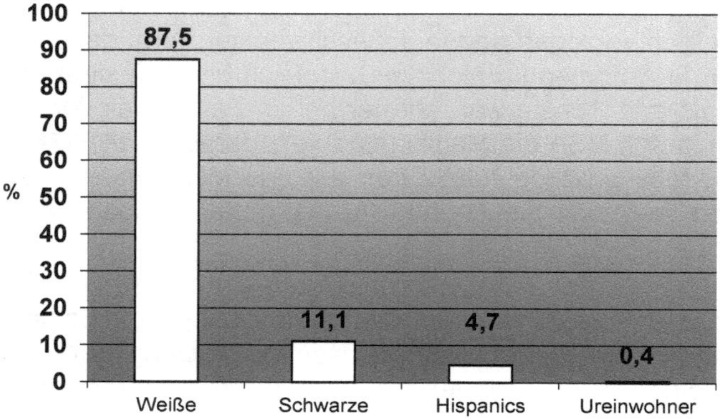

Diagramm 2 [44]: Bevölkerungsstruktur nach ausgewählten Rassen und ethnischen Gruppen in den USA im Jahr 1970

Der Hauptgrund, der die Aufmerksamkeit in den USA, wie auch zuvor in Australien, auf das Melanom lenkte, war ihre relativ hohe Inzidenz und zusätzlich ihre starke Steigerungsrate. Im Jahr 1973 wurden in den USA für Frauen 5,8 und für Männer 6,7 Fälle von Melanomen auf 100,000 Einwohner registriert (vgl. Australien S. 11). Bis in das Jahr 1997 hatte sich die Zahl der Neuerkrankungen bereits mehr als verdoppelt. Für Frauen wurden 13,8 und für Männer 19,3 Melanome auf 100,000 Einwohner gemeldet.[45]

---

42 http://www.cpc.noaa.gov/products/stratosphere/uv_index/gif_files/abq_08.png; 10.07.09

43 www.bfs.de/de/uv/uv2/uvi/world.html; 16.06.09

44 http://www.census.gov/population/www/documentation/twps0056/tab01.pdf; 09.07.09

45 http://www.medscape.com/viewarticle/470300_2; 09.07.09

1977: „The New Mexico Melanoma Project"

Insgesamt wurden sowohl für präventive Maßnahmen als auch für Forschungsprojekte in den USA Ergebnisse und Erfahrungswerte aus Australien teilweise mit einbezogen oder es wurde darauf aufgebaut. Dadurch dass die führenden Persönlichkeiten in der Melanomprävention der USA mit den Verantwortlichen aus Australien in regem Austausch standen, konnten verhältnismäßig schnell verschiedene Präventionsprogramme begonnen werden. Zu Recht darf man heute Jack Redman als Vater der Melanomprävention in den USA bezeichnen, der die Zeichen der Zeit erkannt hatte und, durch die Erfolge in Queensland (Australien) (s. S. 15ff) angespornt, umfassende Präventionsprogramme angestoßen hat.

Der erste Schritt zur Melanomaufklärung in Nordamerika war 1977 „The New Mexico Melanoma Project" im Bundesstaat New Mexico (USA). Der Initiator dieses Programms war Jack Redman, der zu dieser Zeit als Chairman des New Mexico Skin Cancer Project des St. Joseph Hospitals in Albuquerque, New Mexico, fungierte. Seine Ideen und Vorstellungen, wie das Projekt auszusehen habe, sowie die Notwendigkeit und Erfolgsaussichten dieses Projekts stellte er am 22.06.1977 bei einem Meeting im Cancer Research and Treatment Center in Albuquerque vor. Durch seine enge Zusammenarbeit mit australischen Vorreitern bezüglich der Prävention, wie Neville Davis, konnte er, auf deren Erfahrungen aufbauend, schnell umfassende und Erfolg versprechende Methoden zur Prävention entwickeln beziehungsweise umsetzen. Bei seinem Vortrag sprach er die hohe Inzidenz an, die in New Mexico hinter Australien und Neuseeland zu diesem Zeitpunkt weltweit an dritter Stelle stand.[46] Dabei verwies er aber auch gleichzeitig auf Statistiken aus Australien, aus denen hervorging, dass die Bevölkerung in Queensland durch die Präventionskampagnen des „Queensland Melanoma Project" (1963) (s. S. 17ff) schon nach relativ kurzer Zeit die weltweit höchste Überlebensrate bei einer Diagnose eines Melanoms aufwies. Um diese Überlebensraten auch in New Mexico zu verwirklichen, erläuterte er, müsse man die beiden Säulen der Prävention stärken. Auf der einen Seite stand für ihn die öffentliche Aufklärungsarbeit und auf der anderen Seite die Aufklärungsarbeit bei den medizinischen Verantwortlichen. Zusätzlich war

---

46 Prevention Department of the New Mexico Cancer Control Program, Proceedings of The New Mexico Melanoma Project

Jack Redman schon im Jahr 1977 daran gelegen, dass in den einzelnen Staaten der USA einheitliche und gesamtheitliche Krebsinzidenzregister angelegt werden, um Trends und Entwicklungen früher erkennen und besser bewerten zu können. Schließlich wurde für die Planung und Durchführung des „New Mexico Melanoma Project" von dem New Mexico Cancer Control Program das Prevention Department gegründet. Mit dem New Mexico Cancer Control Program als Herausgeber erschien so kurz darauf das Booklet „Getting to Know your Moles". Dabei wurde, ähnlich wie in Australien, auf eine volkstümliche Informationsvermittlung gesetzt. Um die Gefahren, die von Leberflecken ausgehen, öffentlich bekannt zu machen, war in dem Cartoon zur anschaulichen Darstellung neben dem Arzt ein Maulwurf in Szene gesetzt. Das Wort „Mole" im Titel hat nämlich neben dem Sinn Leberfleck auch die Bedeutung Maulwurf. Um die volkstümliche, kinderfreundliche und einfache, jedoch sehr effektive Informationsübertragung dieses Cartoons zu würdigen, sind hier folgende Inhalte abgebildet: das Titelbild, die Einleitung, die Ratschläge zum richtigen Umgang mit der Sonne, die Ratschläge zum verantwortlichen Umgang mit der eigenen Haut und die Zusammenfassung der Früherkennungsmerkmale, welche am Ende des Heftchens standen (s. Abb. 18 und 19). Insgesamt umfasste dieses Medium der öffentlichen Aufklärung 27 Seiten.

Abb. 18: siehe Abb. 19

Abb. 19: Die erste Publikation zur öffentlichen Melanomprävention in den USA gestaltete die Education Task Force des „New Mexico Melanoma Project" in Form dieses Comics. Durch die Comic-hafte Darstellung konnte auch ein ernster medizinischer Sachverhalt dem Laien-Leser mit großem Erfolg nahegebracht werden. Initiator dieses Melanomprogramms war Jack Redman aus Albuquerque.

1979-2009

Schon zwei Jahre nach den Anfängen der Melanomprävention in New Mexico wurde die Skin Cancer Foundation mit ihrem Sitz in New York gegründet. Der Initiator für die Melanomprävention war der Präsident dieser Vereinigung, Perry Robins.

Die erste Aufklärungsaktion der Skin Cancer Foundation ging vom Photobiology Committee aus. Chairman dieser Arbeitsgruppe war der Lichtschutzfaktorexperte Madhukar A. Pathak. Dieser gab als erster in den USA eine Empfehlung für die Verwendung von Sonnencremes heraus, welche lautete, einen Lichtschutzfaktor von SPF(Sun Protection Factor)=15 oder höher zu benutzen, um einen ausreichenden Schutz der Haut zu gewährleisten. Gleichzeitig war dieses Komitee die einzige Organisation, welche Ergebnisse von Lichtschutzfaktortests seitens der Industrie auf ihre Richtigkeit überprüfte. Damit wurde es der Bevölkerung ermöglicht, einen sinnvollen Sonnenschutz mit geeigneten Sonnencremes aufzubauen und somit eine gute Hautkrebs- und im speziellen eine gute Melanomprävention zu betreiben.

Im Jahr 1983 erschien das erste von mittlerweile dreißig jährlich herausgegebenen Skin Cancer Foundation Journals. Die Intention dieses Journals lag darin, den medizinischen Vertretern den aktuellen Forschungsstand sowie Diagnose- und Behandlungsmethoden bezüglich des Melanoms näher zu bringen. Ein Thema, welches ebenfalls jedes Jahr wieder im Journal mit mehreren Artikeln bedacht wurde, war der richtige Umgang mit der Sonne, um eine umfassende Beratung der Patienten und der Öffentlichkeit durch medizinische Vertreter auf diesem Gebiet der Risikovermeidung zu gewährleisten. Daneben standen Informationen über weitere Risikofaktoren und Früherkennungsmerkmale im Vordergrund. Im Jahr 2008 hatte dieses Journal eine Auflage von über 50 000 Stück erreicht. Seit 2009 ist dieses Journal auch im Internet auf der Homepage der Skin Cancer Foundation für jeden kostenlos zugänglich (http://www.skincancer.org/). Als Beispiel ist in der Abb. 20 eines der ersten Journale, nämlich die 4. Ausgabe aus dem Jahr 1986, zu sehen.

Abb. 20: Das ist das Titelbild der 4. Ausgabe des The Skin Cancer Foundation Journal aus dem Jahr 1986. Mit diesem Journal, erstmals im Jahr 1983 erschienen, wollte die Skin Cancer Foundation medizinische Vertreter umfassend über das Thema Hautkrebs und Melanom mit ihren Risikofaktoren, Früherkennungsmarkmalen, Behandlungsmethoden und den aktuellen Forschungsstand informieren.

Genauso wie das Journal richteten sich auch der Melanoma Letter (s. Abb. 21), welcher im Jahr 1983 zum ersten Mal erschienen ist,[47] und die Sun & Skin News (s. Abb. 22), im Jahr 1984 zum ersten Mal veröffentlicht[48], an die medizinischen Verantwortlichen.

Beide Informationsblätter erscheinen vierteljährlich. Dabei konzentriert sich der Melanoma Letter auf die Diagnose, Behandlung und Prävention von Melanomen. Heute liegt die jährliche Auflage beim Melanoma Letter bei mehr als 90 000 Stück. Die Sun & Skin News decken dagegen ein breiteres Themenspektrum ab. Da die Artikel auch nichtmedizinische Bevölkerungsteile ansprechen, hat dieses Informationsmedium mit 180 000 Stück pro Jahr eine höhere Auflage. Die Inhalte der Sun and Skin News beziehen sich neben Melanom-spezifischen Themen auf die Gesundheit der Haut im Allgemeinen, die Beurteilung von

47 http://www.skincancer.org/the-melanoma-letter.html; 05.08.09
48 http://www.skincancer.org/thirty-years-in-the-making.html; 05.08.09

Schutzmaßnahmen sowie auf die Prävention und Behandlung von Hautalterung

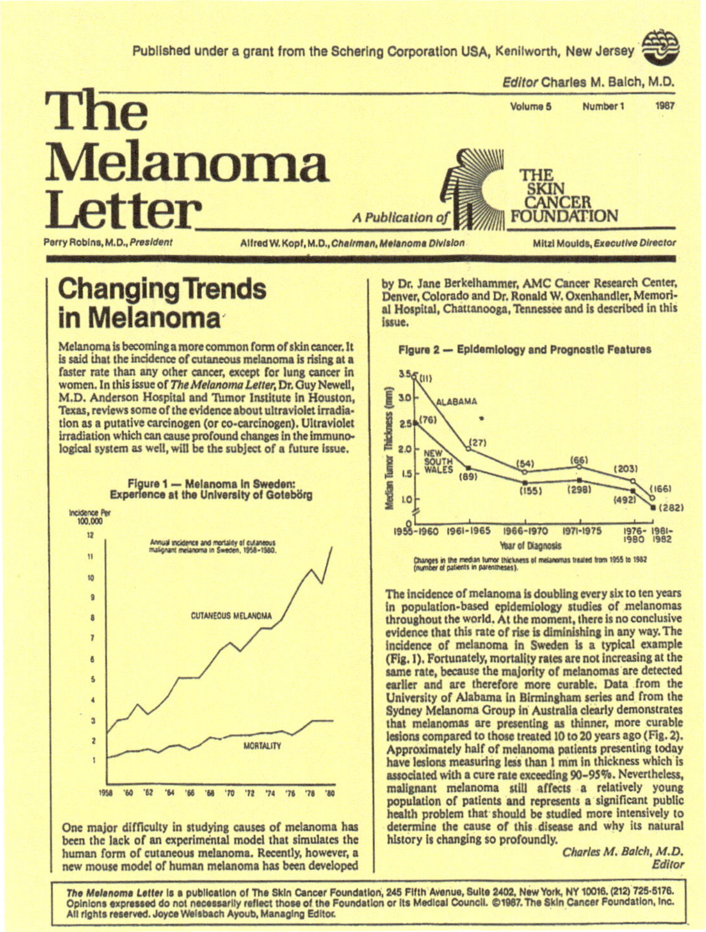

Published under a grant from the Schering Corporation USA, Kenilworth, New Jersey

Editor Charles M. Balch, M.D.

Volume 5 Number 1 1987

The Melanoma Letter

A Publication of THE SKIN CANCER FOUNDATION

Perry Robins, M.D., *President* Alfred W. Kopf, M.D., *Chairman, Melanoma Division* Mitzi Moulds, *Executive Director*

Changing Trends in Melanoma

Melanoma is becoming a more common form of skin cancer. It is said that the incidence of cutaneous melanoma is rising at a faster rate than any other cancer, except for lung cancer in women. In this issue of *The Melanoma Letter*, Dr. Guy Newell, M.D. Anderson Hospital and Tumor Institute in Houston, Texas, reviews some of the evidence about ultraviolet irradiation as a putative carcinogen (or co-carcinogen). Ultraviolet irradiation which can cause profound changes in the immunological system as well, will be the subject of a future issue.

Figure 1 — Melanoma in Sweden: Experience at the University of Gotebörg

One major difficulty in studying causes of melanoma has been the lack of an experimental model that simulates the human form of cutaneous melanoma. Recently, however, a new mouse model of human melanoma has been developed by Dr. Jane Berkelhammer, AMC Cancer Research Center, Denver, Colorado and Dr. Ronald W. Oxenhandler, Memorial Hospital, Chattanooga, Tennessee and is described in this issue.

Figure 2 — Epidemiology and Prognostic Features

Changes in the median tumor thickness of melanomas treated from 1955 to 1982 (number of patients in parentheses).

The incidence of melanoma is doubling every six to ten years in population-based epidemiology studies of melanomas throughout the world. At the moment, there is no conclusive evidence that this rate of rise is diminishing in any way. The incidence of melanoma in Sweden is a typical example (Fig. 1). Fortunately, mortality rates are not increasing at the same rate, because the majority of melanomas are detected earlier and are therefore more curable. Data from the University of Alabama in Birmingham series and from the Sydney Melanoma Group in Australia clearly demonstrates that melanomas are presenting as thinner, more curable lesions compared to those treated 10 to 20 years ago (Fig. 2). Approximately half of melanoma patients presenting today have lesions measuring less than 1 mm in thickness which is associated with a cure rate exceeding 90–95%. Nevertheless, malignant melanoma still affects a relatively young population of patients and represents a significant public health problem that should be studied more intensively to determine the cause of this disease and why its natural history is changing so profoundly.

Charles M. Balch, M.D.
Editor

The Melanoma Letter is a publication of The Skin Cancer Foundation, 245 Fifth Avenue, Suite 2402, New York, NY 10016. (212) 725-5176. Opinions expressed do not necessarily reflect those of the Foundation or its Medical Council. ©1987. The Skin Cancer Foundation, Inc. All rights reserved. Joyce Weisbach Ayoub, Managing Editor.

Abb. 21: Dies ist das Beispiel eines Melanoma Letters von der Skin Cancer Foundation. Zum ersten Mal erschien dieses Informationsblatt für Ärzte, welches vierteljährlich aufgelegt wird, im Jahr 1983. Dieses Titelblatt ist von der Ausgabe aus dem ersten Quartal des Jahres 1987. Die Inhalte orientierten sich ausschließlich an melanomspezifischen Themen.

Contributing Editors: Dawn Greenwald, M.D., Allen J. Natow, M.D. Carol Taylor, Editor

Vol. 3, No. 2 1986

Sun & Skin News

A Publication of THE SKIN CANCER FOUNDATION

Perry Robins, M.D., President Mitzi Moulds, Executive Director

Cosmetics for Sun-damaged Skin

The next time you are on the beach, in a tanning salon, or outside on a sunny day, take a moment to imagine yourself ten years older. What kind of complexion will you have? If you want to have beautiful, clear, wrinkle-free skin, you had better beware. Each time you leave your skin unprotected, the sun causes cumulative and largely irreversible damage. Prolonged sun exposure causes four major types of skin damage: change in color, loss of elasticity, wrinkling, and skin cancer. Fortunately, with the skillful use of cosmetics, it is possible to temporarily restore a youthful appearance to sun-damaged skin. Here are a few hints about how this can be done.

Color Change

Prolonged exposure to the sun eventually results not only in the formation of prominent blood vessels, called *telangiectases*, but also in yellowing of the skin, and in alternating areas of over- and under-pigmentation. To mask the yellow hue of sun-damaged skin and to create a more natural skin color, apply a lavender-tinted base. For skin that is reddened by prominent blood vessels, apply a green-tinted base, followed by the appropriate skin-toned makeup over the tinted base.

Areas of the skin with increased coloration, known as "age spots" or *lentigines*, as well as lighter areas of pigment loss, are often very difficult to cover with ordinary makeup. Corrective or camouflaging cosmetics, which are available in a wide range of colors, are effective in concealing changes in skin color brought on by the sun. Spot-stick versions of these products are available to cover small areas of the skin.

Loss of Elasticity

Longterm overexposure to ultraviolet light (whether from sunlight or the artificial light of tanning lamps) damages collagen in the skin and promotes the formation of stiff fibers that make the skin less soft and resilient. With the permanent loss of elasticity, sun-

(Continued on Page 3)

Early Sunscreen Use Pays Big Dividends

As many adults are learning, it's never too late to use a sunscreen, but is it ever too early? Absolutely not. That's the position taken in a provocative report by three researchers at Harvard. The study consisted of a mathematical model derived from national statistics on the incidence of nonmelanoma skin cancer (basal and squamous cell carcinoma) in various parts of the country and for various age groups.

Dr. Robert Stern and two co-workers conclude that regular use of a sunscreen with a Sun Protection Factor of 15 during the first 18 years of life would reduce a person's lifetime risk of developing the two most common types of skin cancer by 78%. What evidence do the authors put forth to support such large-scale promotion of sunscreens for children and teenagers?

Disproportionate Risk

First, previous studies have conclusively shown that increased exposure to ultraviolet B increases a person's risk of developing nonmelanoma skin cancer. Of even greater significance is the finding that this increased risk is more than proportionate. In other words, twice as much exposure to UVB doesn't give you only twice the risk of developing skin cancer. Instead it gives you three or four times the risk. It seems that already damaged skin is all the more vulnerable to additional doses of UVB.

Greater Sensitivity of Young Skin

Second, a person's age at the time of intense exposure is a critical factor. Studies of the effects of UVB on mice suggest that younger animals develop more skin tumors in response to UVB than do older animals who receive the same dose of ultraviolet light. This evidence suggests that children too are harmed more by equivalent amounts of UVB than are adults.

Three Times More Sunlight in Childhood

Lastly, the researchers estimate that the average child

(Continued on Page 2)

Published through a grant from Westwood Pharmaceuticals Inc., the makers of PreSun®

Sun & Skin News is a publication of The Skin Cancer Foundation, 475 Park Avenue South, New York, NY 10016, (212) 725-5176. Production Coordinator: Joyce Weisbach Ayoub. Opinions expressed herein do not necessarily reflect those of the Foundation or its Medical Advisory Board.

Abb. 22: Die Sun & Skin News erscheinen vierteljährlich und sind vor allem dafür gedacht, Ärzte und medizinisches Fachpersonal über Hautkrebs auf dem „state of the art" zu halten. Die Themen, welche man in diesem Medium findet, betreffen zum Beispiel Risikofaktoren für Hautkrebs allgemein, Behandlungsmethoden und Früherkennungsmerkmale. Ein weiter entfernter Themenkomplex ist die Hautalterung. Vor allem durch die Darstellung von Risikovermeidung und Früherkennungsmerkmalen trägt dieses Medium auch heute noch zur Melanomprävention bei

Im Jahr 1985 wurde das Projekt „Children´s Sun Protection Program“ gestartet. Ziel dieses Projekts war es, Aufsichtspersonen jedweder Art zu unterrichten, wie man Kinder am besten vor der Sonne schützt. In dem dazu passendem Flyer waren „Ten Steps to Sensible Sun Protection“ zu finden (s. Abb. 23).

Ten Steps to Sensible Sun Protection

1. **Keep infants and young children out of the sun** as much as possible during the first year of life. A bad burn in a small infant can be very serious.
2. **Watch the time.** The sun's rays are most intense between 10 a.m. and 2 p.m. (11 a.m. to 3 p.m. Daylight Savings Time). If your child is at high risk (fair skin with blond or red hair and light eyes), try to schedule gym classes, tennis lessons, or visits to the park for early morning or late afternoon, so that the child is inside when the sun's rays are strongest.
3. **Cover up your child** with a sun hat, long-sleeved shirt and long pants. Choose tightly woven fabrics and double layers when possible. For the newborn, a carriage with a hood is preferable to an upright stroller. With an infant or toddler, use a canopy stroller or get an umbrella attachment.
4. **Use a sunscreen.** Because sunscreens contain substances that filter out the damaging rays of the sun, they are an important element of the sun protection program. The higher the SPF (Sun Protection Factor), the greater the protection offered. The Skin Cancer Foundation recommends using products of SPF 15. For children two years of age or younger, consult your physician. But remember, using a sunscreen should not be an excuse for overexposure to the sun. Sunscreens offer relative, not absolute protection.
5. **Beware of reflected light.** Many surfaces—sand, cement, snow—can reflect this harmful radiation. Merely sitting in the shade or under an umbrella does not guarantee protection. Be careful on cloudy days, too, when up to 80% of the sun's radiation reaches the ground.
6. **Be especially careful at certain altitudes and latitudes.** For every 1,000 feet above sea level, radiation increases 4 to 5 percent. And the closer you are to the equator, the stronger the sun's rays. Take special care if you live in or visit warmer climates.
7. **Avoid artificial tanning devices.** That includes tanning salons, booths, beds, reflectors and lamps. Radiation from these light sources, whether ultraviolet A or ultraviolet B, can be dangerous, and the claim that they are "safer than the sun" is false. The use of tanning pills is not recommended either, as toxic side effects have been attributed to some of their ingredients.
8. **Don't mix sun with certain medications.** Photosensitivity—an adverse reaction to sunlight characterized by rash, redness and/or swelling—can be a side effect of certain medications. Consult your physician or pharmacist before letting your child go out in the sun while under medication.
9. **Examine your child's skin regularly,** as well as your own. Watch for any new raised growths, itchy patches, nonhealing sores, changes in moles, or new colored areas. Skin cancer is extremely rare in children, and uncommon in teenagers. However, concern for the health of their skin needs to be taught from the beginning.
10. **Set an example for your child.** The principles outlined here apply to people of all ages. Use these simple measures to protect your own skin, and it is more likely that your child will also adopt sensible sun care habits.

Abb. 23: Diese Abbildung zeigt die 10 Grundregeln im Umgang mit Sonne und Kindern aus dem Heftchen „Ten Steps to sensible Sun Protection“. Produziert wurde dieses Heft im Rahmen des im Jahr 1985 gestarteten „Children´s Sun Protection Program“ und war für alle Verantwortlichen gedacht, welche im direkten Umgang mit Kindern stehen, wie zum Beispiel Sporttrainer, Feriencampleiter oder natürlich auch Kindergärtner und Lehrer.

Im Rahmen des Programms für Kinder wurde im Jahr 1989 das Poster „The Sun Day News“ an über 60 000 Grundschulen geschickt.

In Kooperation mit Columbia Sportswear und Scholastic stellte The Skin Cancer Foundation kostenlos Unterrichtsmaterial in über 10 000 Klassenzimmern zur Verfügung. Zurzeit arbeitet die Organisation mit Eucerin (Marke der Beiersdorf AG) als Partner an einem neuem Programm, dem „Children´s Sun Safety Education Program“.[49]

---

49 http://skincancer.org/thirty-years-in-the-making.html; 06.08.09

Im Jahr 1985 wurde ebenfalls die ABCD-Regel in den USA öffentlich bekannt gemacht. Das geschah mit Hilfe des Faltblatts „The ABCD´s of Moles and Melanomas". Auch die Brochure „The Many Faces of Malignant Melanoma" (s. Abb. 24) aus demselben Jahr ging auf die Unterschiede zwischen benignen und malignen Hautläsionen ein. Mit Bildserien und begleitenden Erläuterungen lag das Ziel darin, das Auge der Bevölkerung für maligne Hautveränderungen zu schärfen und somit die Bevölkerung zu schulen, maligne Melanome früher zu erkennen. Als Beispiel ist hier neben dem Titelbild die Darstellung der Assymetrie (**A**BCD-Regel) als Früherkennungsmerkmal von malignen Hautläsionen aus dem Faltblatt abgebildet (s. Abb. 25).

Abb. 24: Im Jahr 1985 veröffentlichte die Skin Cancer Foundation die Broschüre „The Many Faces of Malignant Melanoma". Auf der Titelseite ist ein Zitat des australischen Pioniers bezüglich Melanomprävention, Neville Davis, zu sehen.

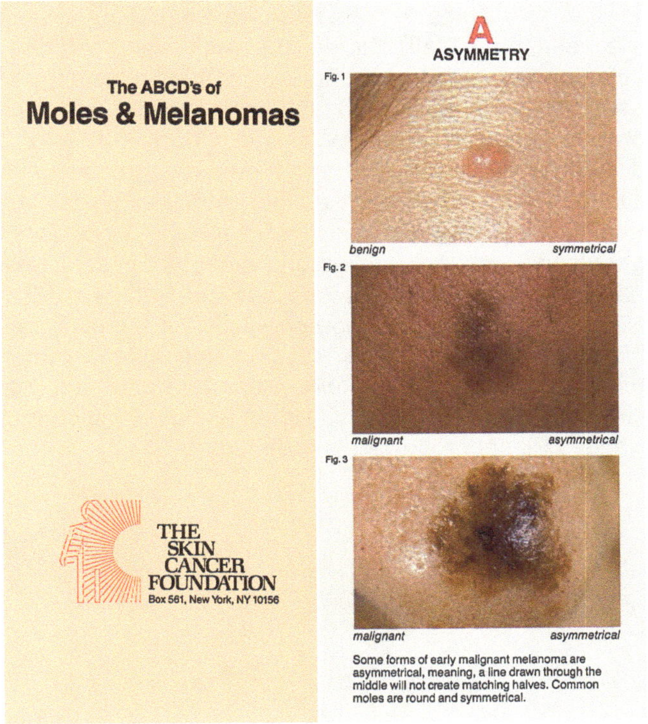

*Abb. 25: Durch dieses Faltblatt brachte die Skin Cancer Foundation im Sinne der sekundären Prävention der Bevölkerung die ABCD-Regel für Leberflecke nahe. Als Beispiel ist die Asymmetrie als Malignitätszeichen hier abgebildet. Die anderen Früherkennungsmerkmale waren die Begrenzung (**B**order), die Farbe (**C**olor) und das Ausmaß (**D**iameter) der Läsion.*

Als 1985 der damalige Präsident der USA, Ronald Reagan, an einem Basalzellkarzinom erkrankte, nutzte Perry Robins das hohe Medieninteresse, um einem großen Bevölkerungsanteil Früherkennungsmerkmale für Hautkrebs - insbesondere auch für Melanome - zu erklären und die Bevölkerung für diese Thematik zu sensibilisieren. Dafür gab er zum Beispiel eine Reihe von Interviews im Fernsehen.

Im Jahr 1986 wurde, vom „Children´s Sun Protection Program" ausgehend, ein Flyer zum Sonnenschutz unter dem Titel „For Every Child

Under The Sun – A Guide to Sensible Sun Protection“ erstellt. Hierbei wurden alle bekannten Maßnahmen aus Australien integriert, die den Hauptrisikofaktor des Melanoms, die UV-Strahlenbelastung, verringern. Dazu passend war im Jahr 1986 auf dem Titelbild des Skin Cancer Foundation Journals der Slogan „Warning: Children at play ... and at risk.“ als Headliner zu sehen. Der Inhalt dieser Jahresausgabe war am aktuell laufenden Kinderprogramm ausgerichtet. So fanden Artikel über die Notwendigkeit des Sonnenschutzes für Kinder, Tipps für Eltern und Erziehungspersonal und die Schilderung eines Grundschulprojekts Eingang. Zusätzlich wurden auch wissenschaftliche Artikel zu den Themen UV-Lichtexposition, Melanomrisikogruppen sowie Diagnose und Behandlung dysplastischer Nävi in diese Ausgabe mit aufgenommen. Neben diesen Artikeln wurde auch eine Reihe aktueller Poster als Präventionsanstoß mit abgebildet. Für das „Children´s Sun Protection Program“ wurde folgendes Plakat produziert (s. Abb. 26).

Abb. 26: Im Skin Cancer Foundation Journal Vol. V wurde im Jahr 1987 im Rahmen des „Children´s Sun Protection Program“ ein Artikel zum verantwortungsvollem Umgang mit der Sonne abgedruckt. Die propagierte ABC-Regel orientierte sich dabei inhaltlich am SLIP!SLOP!SLAP!-Slogan aus Australien orientiert und war speziell auf Kinder bezogen.

Ein weiteres Plakat aus dieser Zeit sollte besonders deutlich den Zusammenhang zwischen UV-Lichtexposition in der Kindheit und den Hautkrebsgefahren vermitteln (s. Abb. 27). Abgebildet wurden beide Plakate in The Skin Cancer Foundation Journal Vol. V.

Abb. 27: Diese Artikel ist aus dem Skin Cancer Foundation Journal Vol. V. Hierbei wurde auf die Gefahr hingewiesen, welche vor allem von zu hoher UV-Lichtbelastung im Kindesalter ausgeht.

Auch ein Artikel von Neville Davis, Leiter des „Queensland Melanoma Project" in Australien (s. S. 17), in dem er den Wandel des Melanoms über die Jahre beschrieb („Melanoma - Then and Now") und damit einen Überblick über den Krankheitsverlauf damals wie heute gab, war in dieser Ausgabe zu lesen. Dieser Artikel zeigte auf, wie sinnvoll Risikovermeidung und Früherkennung bei einem Melanom ist. So sollte die Motivation dafür hochgehalten werden, weiterhin die Öffentlichkeit und die Ärzteschaft für dieses Thema zu sensibilisieren. Wie bereits anfangs erwähnt, nutzten die amerikanischen Initiatoren, wie hier Perry Robins, die Kenntnisse und den Bekanntheitsgrad australischer Pioniere in der Melanomprävention.

Im Jahr 1994 wurde der erste „Skin Sense Award" im Rahmen einer seitdem jährlich stattfindenden Gala vergeben.[50] Hierzu wurden Vertreter der Industrie, Politik und Gesellschaft eingeladen, um einerseits Spenden zu sammeln und andererseits die Aufmerksamkeit der Medien und der Öffentlichkeit zu gewinnen.

Im April 1998 wurde der „National Council on Skin Cancer Prevention" gegründet.[51] In den darauf folgenden Jahren schlossen sich bis heute mehr als 45 Organisationen an, darunter im Jahr 2002 die großen Organisationen wie die „American Academy of Dermatology", die „American Cancer Society" und „The Skin Cancer Foundation". Fünf Jahre später, im Jahr 2007, schloss sich noch eine weitere große Organisation an, die „Melanoma Research Foundation". Durch den Zusammenschluss wurden Spendengelder und Forschungszuschüsse vereint. Somit konnten wirtschaftlichere und umfassendere Forschungsprojekte und Präventionskampagnen durchgeführt werden. Zudem erhielten die Experten der einzelnen Gruppen ein Forum, in dem sie sich optimal austauschen konnten. Dafür wird bis heute zweimal im Jahr ein Kongress in Washington D.C. abgehalten.

Im Jahr 2005 wurde die erweiterte ABCDE-Regel veröffentlich. Die Erweiterung bezog sich dabei auf die **E**levation der Hautläsion über das ursprüngliche Hautniveau hinaus. Somit wurde der bekannten Regel ein zusätzliches Früherkennungszeichen einer möglichen malignen Veränderung hinzugefügt. Grundlage dieser Erkenntnis waren Forschungsergebnisse der New York University.[52]

Im Jahr 2006 wurde zur Ausnutzung der medialen Möglichkeiten eine Internetseite eingerichtet. Drei Jahre später, im Jahr 2009, richtete die Skin Cancer Foundation mit Hilfe einer Spende von Eucerin (Marke der Beiersdorf AG) eine interaktive Homepage (www.skincancer.org/school) eigens für die Schuljahrgänge 6 bis 8 ein. Diese Internetpräsenz nutzt das Internet sowohl als jugendfreundliches Medium, um altersgerecht

---

50 http://www.skincancer.org/images/stories/30th_anniversary/timelineLarge.jpg; 03.08.09

51 http://www.skincancerprevention.org/WhoWeAre/HistoryGoals/tabid/58/Default.aspx; 12.08.09

52 http://www.skincancer.org/images/stories/30th_anniversary/timelineLarge.jpg; 03.08.09

Informationen zu übermitteln, als auch als Möglichkeit, mit online verfügbaren Lehrmitteln und Anschauungsmaterialien die Aufklärungsarbeit an Schulen für Lehrer zu erleichtern. Beworben wurde diese Website auch mit dem Slogan „The Sunsational Guide to Smart Sun Safety".[53]

Im Jahr 2008 hatte die „Road to Healthy Skin Tour" ihre Premiere. Ein mit zwei Untersuchungszimmern und Informationsmaterial eigens eingerichteter Bus fuhr zu Aufklärungszwecken vor allem durch Staaten der USA mit hohen Melanominzidenzen. An ungefähr 80 Orten machte der Bus halt. Dabei wurden neben Informationsveranstaltungen auch über 3000 kostenlose Hautkrebsvorsorgeuntersuchungen durchgeführt und über 300 Basalzellkarzinome, Plattenepithelkarzinome und Melanome diagnostiziert.[54]

Eine ebenfalls aktuell laufende Aktion ist das „Professional Membership Programm".[55] Führende Dermatologen, Chirurgen, Ärzte anderer Fachrichtungen und medizinisches Fachpersonal, die Mitglieder dieses Programms sind, verpflichteten sich, Hautkrebsprävention und Erziehungsarbeit bezüglich Hautkrebs zu betreiben. Diese Mitglieder unterstützen so durch Beiträge in bekannten Zeitungen wie „The New York Times", „U.S. News" und „World Report", Zeitschriften wie „The Wall Street Journal", „Vogue", „Prevention" und Fernsehsendungen wie „The Today Show", „Good Morning America" and the „CBS Evening News" erheblich die öffentliche Aufklärungsarbeit. Zusätzlich leiten sie Workshops und Fortbildungsseminare für Ärzte und medizinisches Fachpersonal zur Verbesserung der Kenntnisse über Melanome und Hautkrebs.

---

53 http://www.skincancer.org/Education.html; 05.08.09

54 http://www.skincancer.org/thirty-years-in-the-making.html; 12.08.09

55 http://www.skincancer.org/professional-membership.html; 05.08.09

World Health Organization

Mit Unterstützung verschiedener Organisationen, vor allem aus Australien und den USA, erstellte die Weltgesundheitsorganisation (WHO) eine Reihe von Programmen und Publikationen, welche ihren Teil zur weltweiten Melanomprävention beitrugen, weshalb ich im Folgenden einen kurzen chronologischen Überblick über die Arbeit der WHO gebe.

Gegründet wurde die WHO am 7. April 1948.[56] Die erste Publikation der WHO, welche auf die Melanomprävention einging, schrieb im Jahr 1990 Jean-Francois Doré mit dem Titel „Soleil et mélanome: analyse des risques de cancers cutanés, moyens de prévention"[57] („Sonne und Melanom: Analyse des Hautkrebsrisikos, Methoden der Prävention"(Übersetzung des Autors)).

Im Jahr 1992 folgte eine Veröffentlichung unter dem Titel „The public health approach to melanoma control: prevention and early detection", geschrieben von Robin Marks aus Australien.[58]

Bis heute wurden über zehn Bücher von der WHO veröffentlicht[59], welche vor allem den Ländern, die keine Forschungs- und Präventionsgruppen im Bereich des Melanoms unterhalten hatten, geholfen haben, die bereits vorhandenen Kenntnisse zu nutzen. Dabei handelte es sich allerdings bei den hier nicht konkret erwähnten Veröffentlichungen nicht immer um Bücher über Melanomprävention im Speziellen. In erster Linie trug natürlich der Themenkomplex UV-Strahlung und die Vermeidung von zu hoher Strahlenexposition zur Melanomprävention bei.

Auch in Ländern, in denen die Melanominzidenz nicht hoch ist, sind präventive Maßnahmen immer mehr in den Blickpunkt gerückt, da der rasante Anstieg an Melanomerkrankungen ein weltweites Problem darstellt. So wurde von der WHO das „Melanoma Program", mit Umberto Veronesi als Chairman ins Leben gerufen. Die Leitung der „Education Group" als Teil dieses Programms übernahm Rona M. MacKie. Die erste Veröffentlichung dieser Arbeitsgruppe war das Büchlein „Educational strategies designed to promote primary and secondary prevention of

---

56 http://www.who.int/about/history/en/index.html; 02.08.09

57 WHO Library Database; www.who.int/publications/de; 02.08.09

58 WHO Library Database; www.who.int/publications/de; 02.08.09

59 WHO Library Database; www.who.int/publications/de; 02.08.09

melanoma“ im März 1992 (aus der Reihe W.H.O. Melanoma Programme Publications – number 1) (s. Abb.28).

Darin wurde sowohl auf die Risikofaktoren im Sinne der primären Prävention als auch auf die Früherkennungsmerkmale im Sinne der sekundären Prävention eingegangen. Die Darstellung von Aufklärungsmethoden war für die Zielgruppe des medizinischen Personals und für die öffentliche Aufklärungsarbeit gedacht. Auch das erhöhte Risiko, ein Melanom zu entwickeln, welches mit einem Sonnenbrand im Kindesalter assoziiert ist, wurde in dieser Publikation dargestellt. Im Anhang waren Layoutbeispiele der sekundären Prävention angefügt, welche Rona MacKie in Schottland beziehungsweise Tullio Cascinelli in Italien (s. Abb.29) benutzt hatten.

Abb. 28: Hier ist das Titelbild der ersten Veröffentlichung der „Melanoma Programme Education Group“ der WHO abgebildet: „Educational strategies designed to promote primary and secondary prevention of melanoma“.

Im Jahr 1992 beschloss die United Nations Conference on Environment and Development (UNCED) die Agenda 21.[60] Darin wurde festgehalten, dass gegen Schäden, welche durch UV-Licht entstehen, vorgegangen werden muss. Daraufhin entwickelte die WHO in den darauf folgenden Jahren eine Reihe von Programmen, welche unter dem Oberbegriff „Intersun Programme"[61] liefen. So wurden unter anderem Forschungsgruppen gebildet, welche den Zusammenhang zwischen UV-Lichtbelastung und der Ozonschichtstärke und den Zusammenhang zwischen UV- Lichtbelastung und der Inzidenz an Melanome untersuchen sollten. Zu diesem Zeitpunkt war die Grundlagenforschung auf diesen Gebieten zwar schon durchgeführt worden, jedoch war die WHO der Meinung, dass eine weiterführende Forschung indiziert sei, um effektiver gegen die hohe Steigerungsrate von Melanomen agieren zu können.

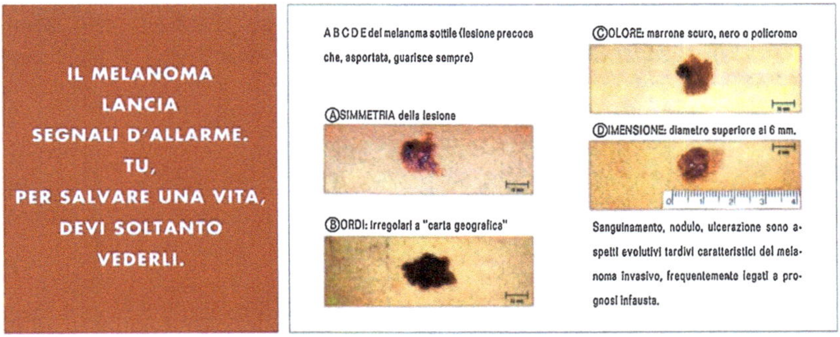

Abb. 29: Diese Abbildung zeigt ein Beispiel der öffentlichen Aufklärungsarbeit von Tullio Cainelli aus Italien. Diese und weitere Beispiele von Tullio Cainelli und Rona MacKie aus Schottland waren der Publikation „Educational strategies designed to promote primary and secondary prevention of melanoma" im Anhang beigefügt worden.

Eine weitere Aktion im Rahmen der Intersun Programme war „Sunprotection for Children". Hierbei informierte die WHO darüber, dass Präventionskampagnen in Schulen und anderen Ausbildungsstätten für Kinder und Jugendliche ein sehr guter Weg sei, die Inzidenzrate und die Sterblichkeitsrate bei Melanomen zu senken. Die Gründe dafür liegen

---

60 http://www.un.org/esa/dsd/agenda21/; 05.08.09
61 http://www.who.int/uv/intersunprogramme/en/; 05.08.09

unter anderem darin, dass in der Kindheitsphase erlernte Gewohnheiten, wie zum Beispiel das Benutzen von Sonnencreme, stärker erhalten bleiben und andererseits das Risiko für Hautkrebs mit einem Sonnenbrand im Kindesalter drastisch ansteigt.

Im Rahmen dieser Intersun Programme kreierte die WHO zusammen mit drei weiteren Organisationen, der World Meterorological Organization, dem United Nations Environment Programme und der International Commission on Non-Ionizing Radiation Protection, den UV-Index. Dieser Index ist ein weltweit normierter Zahlenwert für die UV-Intensität an der Erdoberfläche. Dieser einfache Zahlenwert sollte es der Bevölkerung vereinfachen, die UV-Lichtbelastung an ihrem jeweiligen Ort einschätzen zu können, und sie gleichzeitig dazu anregen, bei einem hohen Wert, entsprechende persönliche Schutzmaßnahmen zu ergreifen. Zusammengefasst wurde diese Aktion in der Publikation „Global Solar UV Index“ im Jahr 1995. Dieser UV-Index wird heute auch von einigen Wetterberichtsportalen (z.B. www.wetteronline.de) im Internet zur Beschreibung der Sonnenintensität benutzt.

Im Jahr 1998 verfasste Catherine M. Pool, von der Yale University (USA), die Publikation „Melanoma: prevention, detection and treatment“ für die WHO.[62]

Im Jahr 2003 erstellte die WHO zwei Publikationen im Rahmen der Intersun Programme. Zum ersten „Sunprotection and school: How to make difference“. Darin wurde auf die Relevanz der Prävention im frühen Kindesalter eingegangen. Anschließend wurden die wichtigsten Schritte erklärt, wie man ein Schulprojekt aufbauen soll. Außerdem erschien „Sunprotection: a primary teaching resource“.[63] Dieses Heft bot Grundschullehrern Anregungen und Materialien, um den Kindern einen verantwortungsvollen Umgang mit der Sonne vermitteln zu können. Mitenthalten war ein Kapitel mit Hintergrundinformationen, um eine umfassende und sinnvolle Aufklärung gewähren zu können. Die Art und Weise, wie das Wissen vermittelt werden soll, wurde dabei in zwei Altersgruppen aufgeteilt, „early primary teaching activities“ und „late primary teaching activities“.

---

62 WHO Library Database; www.who.int/publications/de; 06.08.09

63 http://www.who.int/uv/publications/sunschools/en/index.html; 03.08.09

Des Weiteren trat die WHO an die jeweiligen nationalen Verantwortlichen auf den Gebieten Gesundheit und Umwelt heran. Mit praxisorientierter Beratung und Ideen sollte so in jedem Land das Bewusstsein um die Notwenigkeit eines guten Sonnenschutzes der Bevölkerung erweitert werden. Zudem sollten die Bedingungen für Arbeiter, welche aus beruflichen Gründen täglich der Sonne ausgesetzt sind, verbessert werden. Zum Schutz von Reisenden wurden die Tourismuszentren der Länder angeregt, den jeweils adäquaten Sonnenschutz mit in ihre Reisetipps aufzunehmen.

Insgesamt ist die Leistung der WHO bezüglich der Melanomprävention hoch einzuschätzen. Die WHO stellt mit Hilfe von international anerkannten Melanom-Experten auf ihrer Homepage umfassende Informationen und Veröffentlichungen zum öffentlichen Download zur Verfügung, so dass jeder unkompliziert auf Bücher, Publikationen und weitere Melanompräventionsmaterialien zurückgreifen kann. Den Nutzen daraus ziehen vor allem Länder, in denen die eigene Initiative diesbezüglich gering ausgeprägt war. Zusätzlich nutzt die WHO als angesehene Organisation ihre Möglichkeiten, an Regierungsvertreter heranzutreten und somit das Bewusstsein der verantwortlichen Politiker für die Notwendigkeit der Melanomprävention in ihren Ländern zu wecken und hoch zu halten.

Anfänge der Melanomprävention in Deutschland - Initiatoren und ihre Aktionen

Anfänge in Gießen

Die ersten wirkungsvollen Schritte einer Melanomprävention in Deutschland gingen im Jahr 1977 von der Hautklinik der Universität Gießen unter ihrem damaligen Direktor Prof. Dr. Leonhard Illig(† 16.09.2011) aus. Die Deutsche Krebshilfe hatte bereits zuvor ein Merkblatt zum Thema Hautkrebs verfasst (s. Abb. 30) und sich darin u.a. auch zum Thema Melanom geäußert. Allerdings blieb die Aufklärungswirkung sowohl bei Ärzten als auch bei Patienten gering. Die Gründe lagen wahrscheinlich in der wenig ansprechenden Aufmachung und der fehlenden Nachhaltigkeit, mit der auf die Malignität von Melanomen hingewiesen wurde.[64]

Abb. 30: Hier ist das Titelbild eines Hautkrebs-Merkblatts der Deutschen Krebshilfe. Dieses Merkblatt war zeitlich der erste Versuch, in Deutschland öffentliche Melanom-Prävention zu betreiben.

64 Illig L., Paul E., Hundeiker M., "Public and Professional Melanoma Education", S. 90

Andere Universitäten in Deutschland haben zwar ebenso, wie die Universität Gießen, Forschung im Bereich des Melanoms durchgeführt, jedoch war diese, wie anfangs auch in Gießen, lediglich auf die Behandlung, Epidemiologie und Histogenese des Melanoms bezogen und hatte somit wenig Einfluss auf die Prävention. Die Hautklinik der Universität Gießen erweiterte diesen Ansatz jedoch mit der Übernahme der Vorreiterrolle hinsichtlich der Prävention in Deutschland. Natürlich lieferte die Universitätsklinik Gießen auch einen großen Beitrag zur Erkenntnis neuer Behandlungsmethoden (Illig und Aigner 1980[65]), jedoch erkannten die in diesem Bereich forschenden Ärzte Eberhard Paul und Max Hundeiker unter der Leitung des Klinikdirektors Leonhard Illig, durch die kritische Beurteilung ihrer Ergebnisse, dass sich für Melanome durch neue Behandlungsmethoden die Prognose nur wenig beeinflussen ließ und dass der eigentliche Fortschritt in einer Verbesserung der Früherkennung liegen müsse.

Die wichtigste Erkenntnis für den Sinngehalt der Melanomprävention war der Beweis für das langsame, protrahierte Wachstum der Primärtumore, welches aufgrund der photokatamnestischen Untersuchungen von Paul (1977[66]) und der statistischen Berechnung anhand von Kohortenstudien belegt werden konnte (Paul 1989). Somit war die erste Veröffentlichung aus Gießen, welche als Grundlage für die Anfänge der Melanomprävention in Deutschland angesehen werden kann, der Artikel „Entstehung maligner Melanome auf präexistenten Pigmentläsionen. Überprüfung der anamnestischen Angaben anhand von privaten Photoserien der Patienten“ von Paul in der Fachzeitschrift „Der Hautarzt“ im Jahr 1977. Die Ergebnisse dieser Studie wurden in erweiterter Form im Archives of Dermatology unter dem Titel „Growth Dynamics of Malignant Melanomas“[67] vorgestellt.

In dem Artikel gab Paul einen Einblick in das protrahierte Wachstumswesen maligner Melanome. Durch die Ergebnisse der Studien lag die Annahme nahe, dass die Dunkelziffer der Melanome hoch sein müsse. Außerdem boten die Erkenntnisse über die langjährige Entwicklung

---

65 Illig L., Paul E., Hundeiker M., “Public and Professional Melanoma Education“, S. 84/85

66 Paul E., Entstehung maligner Melanome auf präexistenten Pigmentläsionen. Überprüfung der anamnestischen Angaben anhand von privaten Photoserien

67 Paul E., Growth Dynamics of Malignant Melanomas

der Melanome die große Chance, die Tumore in einem frühen und kurablen Zustand zu entfernen.

Zudem revolutionierte die Studie die vorherrschende Denkweise über die Entwicklung von Melanomen. Das flache, initiale Wachstum wurde von vielen Patienten und Ärzten oft als „Naevus“ (Muttermal) gedeutet. Erst das sich dann relativ rasch entwickelnde exophytische Wachstum wurde als das eigentliche maligne Wachstum angesehen. Durch die auf Hippokrates zurückgehende Meinung, man dürfe an einem schwarzen Fleck nicht rühren („noli me tangere“ [68]), sonst würde er erst recht bösartig, wartete man unnötig lange mit der Exzision. So verpasste man, aufgrund des mangelnden Wissens von Früherkennungsmerkmalen die Gelegenheit, Melanome im verhältnismäßig einfach zu behandelnden Stadium zu entfernen. So waren einige immer noch der Meinung, die mit ihren historischen Denkweisen die öffentliche Meinung damals beeinflussten, dass man an einem Krebs im Frühstadium nicht rühren dürfe, sonst würde sich der „Haustierkrebs“ zum „Raubtierkrebs“ entwickeln (Julius Hackethal). Insofern hat die Erkenntnis von Paul (1975, 1980), dass sich Melanome über Jahre entwickeln, bis sie potentiell metastasieren können, einen Paradigmenwechsel in der Melanom-Therapie eingeleitet. Durch das persönliche Engagement von Illig konnten die danals noch durchaus vorhandenen Widerstände seitens zahlreicher Fachkollegen bezüglich des geplanten Melanompräventionsprogramms überwunden werden.

Zur Verbesserung der Früherkennung kam man schließlich zu dem Schluss, dass eine umfassende Aufklärung sowohl bei der Ärzteschaft als auch in der Öffentlichkeit durchgeführt werden müsse. Die positiven Ergebnisse aus dem „Queensland Melanoma Project“ (s. S. 17) und dem „New Mexico Melanoma Project“ (s. S. 33) waren zugleich Motivation und Ideengeber für die Art der Präventionsarbeit. Zu dem Entschluss, Melanomaufklärung zu betreiben, führten auch die oben erwähnten irrigen Annahmen in der Öffentlichkeit bezüglich der Melanome. Aus falsch interpretierten Daten und schlecht recherchierten Berichten ergab es sich, dass das Melanom in der Bevölkerung, aber auch von Ärzten, damals unterschätzt wurde. Unterstützend für diese Annahme war auch, dass die Inzidenz von Melanomen in Deutschland nur im Saarland in einem Krebsregister mit veralteten Zahlen verzeichnet war, sodass man

---

68 Illig L., Paul E., Hundeiker M., “Public and Professional Melanoma Education“, S. 84

auf ausländische Schätzungen zurückgreifen musste, um einigermaßen verlässliche Aussagen zur Inzidenz in Deutschland zu bekommen. Problematisch war aber auch bei diesen Zahlen, dass die Anzahl der Neuerkrankungen mit 4 Fällen auf 100 000 Einwohner und Jahr sehr niedrig angesetzt war. In der Realität allerdings lag die Zahl der Neuerkrankungen, aufgrund der Altersverteilung der Erkrankung, im späten Erwachsenenalter bei 20 Fällen auf 100 000 Einwohner und Jahr.[69]

Im Jahr 1979 schloss sich dann ein Kreis von Ärzten um L. Illig an der Universitätsklinik Gießen zur „Gießener Melanom-Gruppe“ zusammen. Die weiteren Mitglieder waren die Dermatologen E. Paul und M. Hundeiker sowie die Chirurgen K. Schwemmle und K. Aigner. Kontraproduktiv für die angestrebten Ziele dieser Gruppe war zunächst neben den oben erwähnten Schwierigkeiten ein Artikel des Spiegels im Jahr 1980 im Heft 36, der den oben geschilderten falschen Vorstellungen der Bevölkerung entsprach. In „Begrabene Illusionen – Erfolge und Scheinerfolge der Medizin“ wurde die bis dahin betriebene Melanomvorsorge in Deutschland wegen der vermeintlich niedrigen Fallzahl in Frage gestellt [70](s. Abb. 31). So war als Teil der Kritik an verschiedenen so genannten medizinischen Missständen in diesem Artikel zu lesen: „Nicht nur als gefährlich, sondern als Bluff erwies sich die Früherkennung des schwarzen Hautkrebses: dieser Tumor ist so extrem selten, dass ein deutscher Arzt drei Leben bräuchte, um einmal als erster ein malignes Melanom zu sichten.“ [71] Es war in dieser Zeit also in der Bundesrepublik Deutschland kein guter Nährboden für die ersten Melanom-Aufklärungsbemühungen.

---

69 Illig L., Paul E., Hundeiker M., “Public and Professional Melanoma Education”, S.84

70 Halter H., Begrabene Illusionen, S. 179/180

71 Halter H., Begrabene Illusionen, S. 179/180

Begrabene Illusionen

Erfolge und Scheinerfolge der Medizin (III) / Von SPIEGEL-Autor Hans Halter

Weber-Lithographie „Die Geißel“: „Die Medizin ist im Begriff, den Wettlauf mit dem Tod zu verlieren“

Abb. 31: Diese Abbildung zeigt das Titelbild des 3. Teils aus einer medizin-kritischen Serie von vier Artikeln im Spiegel aus dem Jahr 1980. In diesem Artikel wurde unter anderem die damals vorherrschende falsche Ansicht bezüglich der Melanome propagiert und der unzweifelhafte Nutzen der Prävention als „Schwindel“ dargestellt.

1980: Startschuss zur öffentlichen Aufklärung

Den letzten Anstoß für ihre öffentlichen Aufklärungsaktionen erhielt die Gießener Melanom-Gruppe durch das Lesezeichen aus Queensland (s. S. 18). So kamen die Planungen des „Deutschen Melanoma Education Project“ ins Rollen. Die Gestaltung der nun folgenden vier Merkblätter zum Thema „Kampf dem Schwarzen Krebs“ orientierte sich auch an dem Booklet des „New Mexico Skin Cancer Project“ (s. S. 35/36). Zudem wurde in den Merkblättern eine Reihe für den Erfolg entscheidender Ideen aus Queensland und New Mexico mit einbezogen.

Die Aufklärung der Bevölkerung über Melanome wurde in vier Merkblätter unterteilt. Somit wurde erreicht, dass das Thema „Melanom“ in der Bevölkerung immer wieder durch neue Informationen aufgefrischt und interessant gehalten wurde. Die Herausgabe der vier Merkblätter wurde auf einen Zeitraum von 14 Monaten verteilt. Als Verbreitungsmedium entschied sich die Gruppe für die Tageszeitung. Dafür konnten die zwei größten Zeitungen Gießens, die Gießener Allgemeine und der Gießener Anzeiger, gewonnen werden. Mit den Auflagen der beiden Zeitungen erreichten die Merkblätter im Din A4-Format als Wochenendbeilage ungefähr 50 000 Haushalte. Im Original waren die Merkblätter auf farbigem Papier gedruckt, um dem Leser der jeweiligen Zeitung ins Auge zu fallen. Zusätzlich wurden weitere 12 000 Exemplare auf Anfrage an Krankenkassen, Ärzte und Patienten geschickt. Eine weitere Aktion macht deutlich, wie akribisch versucht wurde, jede erdenkbare Lücke in der öffentlichen Aufklärung zu schließen. So wurden die Merkblätter auch in den umliegenden Bundeswehrkasernen ausgehängt, da sich herausgestellt hatte, dass Bundeswehrangehörige als eine wichtige Zielgruppe nur wenig durch die Tagespresse erreicht werden konnten. Zusätzlich zu den Flugblättern wurde die „dpa" (Deutsche Presse-Agentur) Gießen eingeschaltet. Durch deren Berichterstattung über die Aufklärungskampagne wurden weitere öffentliche Medien wie Rundfunk, Fernsehen und Gazetten in Hessen dazu bewegt, über die Aufklärungsaktion und ihren Sinn und Zweck zu berichten. Durch die Zeitungsbeilagen und die „dpa" wurde so nicht nur die direkte Melanomaufklärung erreicht, sondern auch die von der Gießener Melanom-Gruppe erhoffte publizistische Kettenreaktion. Diese Kettenreaktion trat auch ein (s. S. 76ff).

Als Blickfang und Titel wurde der „Schwarze Krebs" anstelle des Begriffs „Melanom" gewählt, weil Laien mit dem Fachbegriff „Malignes Melanom" damals noch wenig anfangen konnten, wie sich auch bei der „feedback-Kontrolle" (s. S. 65) hinterher bestätigte. Zur Informationsvermittlung wurden „jeweils einige einfache, in deutscher Sprache möglichst klar formulierte Merksätze und Kurzkommentare zum Wesen und zur Früherkennung des Melanoms"[72] entwickelt.

Im Folgenden erläutere ich anhand von Abbildungen der Flugblätter den Aufbau der ersten wirkungsvollen Aufklärungsschritte in Deutschland.

Die Aufklärungsaktion in Gießen begann mit dem ersten Merkblatt und einem Zeitungsartikel in der Ausgabe vom 25.10.1980, der das Merkblatt beigelegt war (s. Abb. 32). Darin wurde auch auf das Interview von Illig, dem Leiter des Projekts, hingewiesen, welches ebenfalls am 25.10.1980 im Hessischen Rundfunk (HR) ausgestrahlt wurde.

---

72 Illig L., Paul E., Hundeiker M., "Public and Professional Melanoma Education", S. 92

Stadt und Land Samstag, 25. Oktober 1980

Auch der „Schwarze Krebs" kann besiegt werden

Aufklärungskampagne der Gießener Forschungsgruppe „malignes Melanom"

Gießen (wg). „Auch der ‚schwarze Krebs' ist zu besiegen." Mit diesem eindringlichen slogan wendet sich die Forschungsgruppe „malignes Melanom" am Klinikum der Justus-Liebig-Unviersität Gießen mit einer großangelegten Flugblattaktion an die bevölkerung, um vor diesem bösartigen Hautkrebs bzw. dem leichtfertigen Umgang mit ihm zu warnen und Wege einer effektvollen Heilung aufzuzeigen. Die Flugblätter liegen den heutigen Ausgaben der Gießener Zeitungen bei und erreichen somit einen großen Kreis von Adressaten.

Nach Auskunft von Prof. Dr. Leonhard Illig, Leiter der Hautklinik der Justus-Liebig-Universität Gießen und Sprecher der Forschungsgruppe, erkranken auch in der Bundesrepublik Deutschland immer mehr Menschen an „Schwarzem Krebs" (malignes Melanom). Hellhäutige Menschen, die zu Sonnenbrand neigen, sind mehr gefährdet als Menschen mit einem dunklen Teint. Alarmierend ist die Tatsache, daß etwa zwei Drittel aller in diesem Tumor erkrankten Patienten zu spät zur Behandlung kommen und eshab in vielen Fällen nicht mehr endgültig geheilt werden können. Allein wegen dieser Verzögerung bei der Behandlung ist die Todesrate beim „Schwarzen Krebs" noch immer so unnötig hoch. Und nicht immer ist es der Patient allein, der die Augen vor der ihm drohenden Gefahr verschließt.

Dabei fängt alles scheinbar harmlos an: Der „Schwarze Krebs" sieht anfangs wie ein Muttermal oder Leberfleck aus. Es kann bereits im Kindesalter entstanden sein, ohne als Melanom aktiv zu werden.

Deshalb sollte jedermann einen Arzt aufsuchen, wenn er ein neues Muttermal entdeckt oder an einem alten ungewöhnliche veränderungen bemerkt. Zu achten ist darauf, ob ein solcher „Leberfleck" unregelmäßige Form oder Ausläufer hat, an Größe zunimmt, erhaben wird, plötzlich eine dunklere Färbung annimmt, Schuppung zeigt, juckt, näßt oder blutet.

Diese Anzeichen allein bedeuten noch nicht unbedingt, daß ein bösartiger Tumor vorliegt, die Veränderung sollte aber auf jeden Fall einem Spezialisten, der sie meistens mit einem Blick klassifizieren kann, gezeigt werden.

Auf gar keinen Fall sollte an einem solchen Mal herumexperimentiert werden, weil dann die Gefahr der Metastasierung sehr groß ist. Auch falsche Anbehandlung von malignen Melanomen durch Haus- oder Hautärzte macht den Gießener Spezialisten sorge. Absolut falsch ist es, zum Zwecke der Diagnose Gewebe zu entnehmen.

Eine frühzeitige und richtige Behandlung — der operative Eingriff ist im Frühstadium recht klein — ist die beste Chance, schnell und vollstndig geheilt zu werden. Verschleppung dagegen bedeutet größte Lebensbedrohung, zumindest aber die Notwendigkeit unangenehmer und langfristiger Behandlung und jahrelanger Kontrolluntersuchung.

Die Aufklärungsaktion der Gießener Forschungsgruppe „malignes Melanom" hat ein Vorbild. Nach Auskunft von Prof. Illig wurde in Australien über zehn Jahre eine gezielte Öffentlichkeitsarbeit zu diesem Problem betrieben, die ihre Früchte trug. Die Todesrate bei Erkrankungen an „Schwarzem krebs" ist erhebich gesunken. Bei dem verdacht auf ein malignes Melanom überweisen die australischen Ärzte ihre Patienten sofort an spezialierte Kliniken.

In Gießen sind es pro Woche etwa ein habes Dutzend Patienten, die die Hautklinik der JLU wegen des Verdachts auf ein Melanom aufsuchen. außer der Gießener Klinik haben sich noch die Hautkliniken in Erlangen, München, Köln und Handorf bei Münster auf die Behandlung des „schwarzen Krebes" spzialisiert. Operative Eingriffe werden in Gießen in enger Zusammenarbeit zwischen der Hautklinik und der Chirurgischen Klinik durchgeführt.

Rundfunkinterview mit Professor Illig

Frankfurt (hr). Ein Interview mit dem Gießener Dermatologen Professor Leonhard Illig zum Thema „Schwarzer Krebs" (malignes Melanom) wird vom Hessischen Rundfunk heute um 10.05 Uhr im „Radio-Almanach", 1. Programm, übertragen. Wiederholt wird diese Sendung am Montag, 27. Oktober, um 21.35 Uhr im HR 2. An diesem Montag wird auch die Hessenschau um 19.30 Uhr auf das Interview eingehen.

Abb. 32: Zum Startschuss der öffentlichen Aufklärung in Deutschland mit dem Merkblatt I der Gießener Melanom-Gruppe, wurden in den Zeitungen, denen dieses Merkblatt beigelegt war, dieser Artikel abgedruckt. Dieser sollte die Aufmerksamkeit für die Aufklärungsaktion erhöhen.

Im Merkblatt I (s. Abb. 33), welches im Oktober 1980 erschienen ist, beschränkte man sich auf die äußerlichen Merkmale des Melanoms. Damit einher ging der Hinweis auf die Ähnlichkeit zu Pigmentmalen und deren verhängnisvolle Verwechslungsgefahr. Da sich die Gießener Melanom-Gruppe an den angloamerikanischen Präventionsmaßnahmen orientierte, wurde die dort verwendete Thematik rund um die „moles" als Leberflecke in das Merkblatt integriert. Insgesamt wurde die Sprache sehr einfach gehalten. Um zu verhindern, dass die Bevölkerung bezüglich der Merkblätter abstumpft, wurde die Aufmachung bewusst bei jedem weiteren Merkblatt ansprechender gestaltet.[73]

---

73 Illig L., Paul E., Hundeiker M., "Public and Professional Melanoma Education", S. 91,92,96,100

Auch der „Schwarze Krebs" ist zu besiegen

Jährlich erkranken auch in der Bundesrepublik immer mehr Menschen an „Schwarzem Krebs". Etwa 2/3 aller Patienten kommen aber zu spät zur Behandlung und können dann oft nicht mehr endgültig geheilt werden. Hellhäutige Menschen, die zu Sonnenbrand neigen, sind mehr gefährdet, als Menschen mit dunklem Teint.

Alles fängt scheinbar harmlos an!

Oft sieht der „Schwarze Krebs" anfangs aus wie ein „Muttermal" („Leberfleck"). Deshalb sollten Sie folgende Punkte beachten:

1. Suchen Sie Ihren Arzt auf, wenn Sie ein neues „Muttermal" entdecken oder an einem alten eine ungewöhnliche Veränderung bemerken,
2. Achten Sie darauf, ob ein „Leberfleck"
   - unregelmäßige Form oder Ausläufer hat
   - an Größe zunimmt
   - erhaben wird
   - plötzlich dunkler wird
   - Schuppung zeigt
   - juckt
   - näßt oder blutet
3. Diese Zeichen bedeuten zwar noch nicht unbedingt, daß ein bösartiger Tumor vorliegt. Die Veränderung sollte aber auf jeden Fall sofort einem Spezialisten gezeigt werden.
4. Jahrelange Bestandsdauer spricht **nicht** gegen die Bösartigkeit.
5. **Frühzeitige** und **richtige** Behandlung eröffnet die besten Chancen für eine schnelle und vollständige Heilung. Verschleppung bedeutet dagegen größte Lebensbedrohung, zumindest aber die Notwendigkeit unangenehmer und langfristiger Behandlung und jahrelanger Kontroll-Untersuchungen.

Suchen Sie also bitte unbedingt sofort Ihren Arzt auf, falls Sie ein „Neues Muttermal" entdecken oder wenn sich ein schon lange vorhandenes plötzlich verändert.

Forschungs-Gruppe „malignes Melanom" am Klinikum der Universität Gießen

Abb. 7

Abb. 33: Das Merkblatt I der Gießener Melanom-Gruppe zur Melanomprävention erschien im Oktober 1980. Dieses Merkblatt war der erste Schritt einer wirkungsvollen Aufklärung der Bevölkerung in Deutschland.

Das Merkblatt II (s. Abb. 34) wurde, wie auch das Merkblatt IV, nach den damals neuesten Forschungsergebnissen des Textverstehens überarbeitet. Das Ziel war es, eine positive emotionale Grundstimmung und eine noch bessere Verständlichkeit zu erzeugen. Dabei galt es für die Verständlichkeit folgende Aspekte zu beachten: Anlehnung der Texte an die Sprechsprache, kurze Sätze, klare sprachliche und optische Gliederung, Hervorheben der wichtigsten Botschaften und Erstellen einer „take-home-message" am Ende des Merkblattes. Um eine positive emotionale Grundstimmung beim Leser zu erzielen, wurden weitere Erfolg versprechende Mittel in der Darstellung berücksichtigt: dialogische Textform, Wiedererkennungswert der Merkblattreihe (gleiches Layout der Merkblätter I bis IV), rhythmische und metaphorische Sprache sowie Betonung der Heilungschancen. Um den Erfolg dieser Methoden zu messen, wurde vorher ein semantisches Differential abgetestet. Inhaltlich vermittelte das Merkblatt II die Gefahr eines Melanoms am Rücken und forderte jeden Mitbürger auf, bei seinen Familienangehörigen die Hautregionen, die selbst nicht einsehbar sind, zu überprüfen.[74]

Das Merkblatt III (s. Abb. 35) war aufgrund der unerwartet positiven Rückkopplung in der eigens eingerichteten Sondersprechstunde anspruchsvoller gestaltet. Inhaltlich wurde mit dem Slogan „der einsame schwarze Fleck" auf die superfiziell spreitenden Melanome am Unterschenkel (besonders gehäuft bei der Frau) und dem Lentigo Maligna Melanom am Kopf (besonders gehäuft beim Mann) hingewiesen. Stark betont wurde außerdem, dass der Hautarzt als einziger kompetenter Berater in unbestimmten Verdachtsfällen in Frage kommt.[75]

Das Merkblatt IV (s. Abb. 36 und 37) war das letzte Aufklärungsblatt dieser Präventionsreihe und war am meisten am Booklet „Geeting to know your moles" (s. S. 35/36) aus den USA angelehnt. Mit comicähnlichen Zeichnungen und einem Schuss Humor war das vierte Merkblatt gemäß der Regel, dass die Merkblätter immer ansprechender werden sollten, das i-Tüpfelchen dieser Merkblatt-Reihe. Dafür sorgten unter anderem vier Zeichnungen und drei Knittelverse. So fand man einen Patienten, der mit Bedenken zum Hautarzt geht - aber den Hautarzt mit guter Laune wieder verlässt - gepaart mit der Feststellung: „Je früher erkannt, desto leichter gebannt". Zudem benutzte man die Redensart „Wolf im Schafspelz" sowohl bildlich als auch wörtlich, um auf verwechslungsträchtige Hautbildveränderungen hinzuweisen. Als Wortwitz empfindet man den Aufruf: „Vorsicht ist besser als „Nachruf"!". Inhaltlich fasst dieses Merkblatt die ersten drei Merkblätter kurz zusammen. Deshalb umfasst dieses Merkblatt auch als einziges zwei Seiten. Neu waren die Inhalte über das subunguale Melanom, das B-K-mole-Syndrom und Melanome auf großen und kleinen kongenitalen Naevi.

---

74 Illig L., Paul E., Hundeiker M., "Public and Professional Melanoma Education", S. 93,96,100

75 Illig L., Paul E., Hundeiker M., "Public and Professional Melanoma Education", S. 100

Kampf dem Merkblatt II

„Schwarzen Krebs" **(malignes Melanom)**

Entscheidend für eine schnelle, endgültige Heilung ist und bleibt die

Früherkennung.

Wenn jeder nur ein bißchen mithilft — das gilt auch für Sie, liebe Mitbürger!—, ist es gar nicht so schwer. In welchen Fällen scheinbare Pigmentmäler auf die Entwicklung eines Melanoms verdächtig sind, haben wir Ihnen im Merkblatt I mitgeteilt.

Ähnliches gilt in der zweiten Lebenshälfte übrigens auch für die häufigen „Alterswarzen" der Haut, vor allem an Brust und Rücken.

Notabene: Der **Rücken** ist die gefährlichste Lokalisation des „Schwarzen Krebses" überhaupt!

Das ist leicht verständlich, denn wer kann schon auf seinen eigenen Rücken schauen?

Darum: Sehen Sie doch gelegentlich mal Ihrer Frau/Partnerin/Freundin und Ihrem Freund oder Sportkameraden auf den Rücken — z. B. im Schwimmbad oder in der Sporthalle!
Worauf es dabei ankommt, wissen Sie ja schon. Üben Sie Ihr Auge!

Haben Sie einen „Verdacht", dann sagen Sie sich und Ihren Freunden: Die nächste zuständige Instanz ist der **Hausarzt,** und wenn dieser zweifelt, der **Hautarzt.** Der Hautarzt stellt sozusagen die Weiche:
Melanom-Verdacht ja oder nein.

Wird Ihr **Melanom-Verdacht** vom Hausarzt/Hautarzt bestätigt, dann lassen Sie sich am besten für alles Weitere in die **Klinik** überweisen. Dort werden Sie dann zügig in der für Ihren Fall optimalen Weise weiter untersucht, behandelt, nachkontrolliert, je nach Sachlage ambulant oder stationär.

Ihre Gießener Melanom-Gruppe (am Klinikum der Justus-Liebig-Universität)

Abb. 8

Abb. 34: Die Abbildung zeigt das Merkblatt II der Gießener Melanom-Gruppe. Damit wurde die Bevölkerung aufgerufen, für einen selbst schwer einsehbare Bereiche seines Körpers, vor allem den Rücken, bei Freunden und Bekannten auf Hautbildunregelmäßigkeiten zu überprüfen.

Merkblatt III

Kampf dem

„Schwarzen Krebs“ **(malignes Melanom)**

Helfen Sie mit!

Geben Sie dem Schwarzen Krebs keine Chance,
liebe Mitbürgerinnen und Mitbürger!

Früherkennung ist der erste Schritt zur Heilung

Was Schwarzer Krebs ist und wann man Verdacht schöpfen muß, haben viele von Ihnen bereits gelesen: Er sieht aus wie ein Muttermal, ist aber keins.
(Mehr dazu siehe Merkblätter I und II, die wir Ihnen gern zuschicken.)

Aber es gibt noch einige „besondere Kennzeichen“ für Melanom-Verdacht:

- **der „einsame schwarze Fleck“ am Unterschenkel**
  (oft auf besonders weißer Haut, meist bei Frauen)
- **der „einsame schwarze Fleck“ am Fuß**
  (auch an der Sohle (!) — selbst bei jungen Menschen)
- **der „einsame schwarze Fleck“ im Gesicht**
  (Schläfe, Wange, Nase — meist in höherem Alter)

In solchen Fällen ist langsame, ständige Vergrößerung (über Wochen, Monate, Jahre) festzustellen. Muttermale bleiben demgegenüber gleich groß.

Warnen Sie bitte Freunde oder Partner, wenn diese „den Kopf in den Sand stecken“ und meinen: „Nur nicht daran rühren.“ Das ist falsch: Nur Mut zur Wahrheit bringt Klarheit — Ungewißheit quält!

Darum: Lieber einmal mehr zum Hautarzt!

Kostenlose zusätzliche Melanom-Beratung bei uns jeden Mittwoch von 12.00 bis 13.00 Uhr nach telefonischer Anmeldung (Nr. 0641/7023546).

Ihre Gießener Melanom-Gruppe (am Klinikum der Justus-Liebig-Universität)

Abb. 9

Abb. 35: Diese Abbildung zeigt das Merkblatt III der Gießener Melanom-Gruppe. Dieses Merkblatt stand unter dem Motto der „einsame schwarze Fleck“ und zielte auf besondere Formen des Melanoms, wie das Superfiziell Spreitende Melanom und das Lentigo Maligna Melanom ab.

Vor der Veröffentlichung war die Befürchtung groß, dass der Inhalt der Merkblätter, schon alleine aufgrund der vielen Fachbegriffe, das Laienverständnis überfordere. Diese Befürchtung wurde jedoch durch die positive Reaktion in der Bevölkerung schnell widerlegt.[76]

76 Illig L., Paul E., Hundeiker M., “Public and Professional Melanoma Education“, S. 100

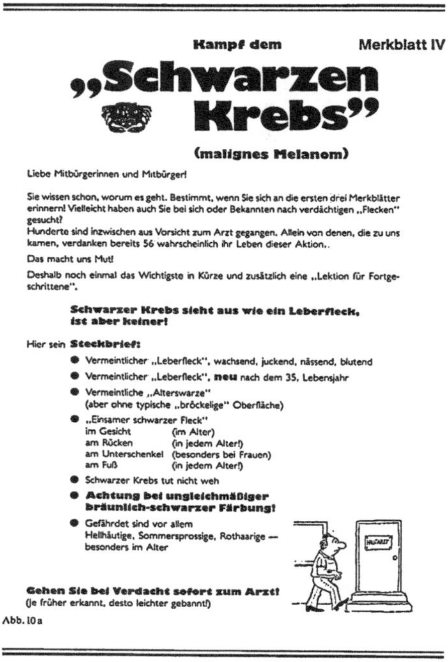

Kampf dem Merkblatt IV

„Schwarzen Krebs"

(malignes Melanom)

Liebe Mitbürgerinnen und Mitbürger!

Sie wissen schon, worum es geht. Bestimmt, wenn Sie sich an die ersten drei Merkblätter erinnern! Vielleicht haben auch Sie bei sich oder Bekannten nach verdächtigen „Flecken" gesucht?
Hunderte sind inzwischen aus Vorsicht zum Arzt gegangen. Allein von denen, die zu uns kamen, verdanken bereits 56 wahrscheinlich ihr Leben dieser Aktion..

Das macht uns Mut!

Deshalb noch einmal das Wichtigste in Kürze und zusätzlich eine „Lektion für Fortgeschrittene".

Schwarzer Krebs sieht aus wie ein Leberfleck, ist aber keiner!

Hier sein **Steckbrief:**

- Vermeintlicher „Leberfleck", wachsend, juckend, nässend, blutend
- Vermeintlicher „Leberfleck", **neu** nach dem 35. Lebensjahr
- Vermeintliche „Alterswarze"
  (aber ohne typische „bröckelige" Oberfläche)
- „Einsamer schwarzer Fleck"
  im Gesicht (im Alter)
  am Rücken (in jedem Alter!)
  am Unterschenkel (besonders bei Frauen)
  am Fuß (in jedem Alter!)
- Schwarzer Krebs tut nicht weh
- **Achtung bei ungleichmäßiger bräunlich-schwarzer Färbung!**
- Gefährdet sind vor allem
  Hellhäutige, Sommersprossige, Rothaarige — besonders im Alter

Gehen Sie bei Verdacht sofort zum Arzt!
(Je früher erkannt, desto leichter gebannt!)

Abb. 10 a

Abb. 36: Auf der ersten Seite des Merkblattes IV der Gießener Melanom-Gruppe wurden die Merkblätter I, II und III inhaltlich zusammengefasst.

Begleitend zu den Merkblättern wurde von Anfang an eine kostenlose Melanom-Sprechstunde am Klinikum der Justus-Liebig-Universität in Gießen eingerichtet. Diese fand einmal pro Woche eine Stunde lang statt. Auf die „Melanom-Beratung" wurde auch in dem dritten und vierten Merkblatt zusammen mit der Telefonnummer und Uhrzeit hingewiesen. Mit der Beratungsstunde sollte sowohl der erwartete Andrang von Patienten bewältigt werden als auch eine schnelle und direkte Rückkopplung über die Akzeptanz der Aufklärungs-Aktion in der Bevölkerung gewährleistet werden.[77] Wie sich anhand der Patienten herausstellte, erregte die Aufklärungsaktion auch über den Gießener Raum hinaus Interesse. So

77 Illig L., Paul E., Hundeiker M., "Public and Professional Melanoma Education", S. 96

kamen unter anderem Patienten aus Kiel, Essen, Düsseldorf, Köln und Koblenz in die Sonder-Sprechstunde.

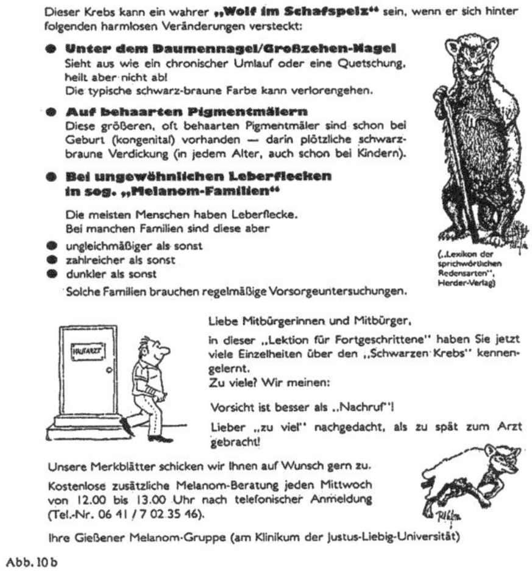

Dieser Krebs kann ein wahrer **„Wolf im Schafspelz“** sein, wenn er sich hinter folgenden harmlosen Veränderungen versteckt:

- **Unter dem Daumennagel/Großzehen-Nagel**
  Sieht aus wie ein chronischer Umlauf oder eine Quetschung, heilt aber nicht ab!
  Die typische schwarz-braune Farbe kann verlorengehen.
- **Auf behaarten Pigmentmälern**
  Diese größeren, oft behaarten Pigmentmäler sind schon bei Geburt (kongenital) vorhanden — darin plötzliche schwarz-braune Verdickung (in jedem Alter, auch schon bei Kindern).
- **Bei ungewöhnlichen Leberflecken in sog. „Melanom-Familien“**

  Die meisten Menschen haben Leberflecke.
  Bei manchen Familien sind diese aber
- ungleichmäßiger als sonst
- zahlreicher als sonst
- dunkler als sonst

Solche Familien brauchen regelmäßige Vorsorgeuntersuchungen.

(„Lexikon der sprichwörtlichen Redensarten“, Herder-Verlag)

Liebe Mitbürgerinnen und Mitbürger,

in dieser „Lektion für Fortgeschrittene“ haben Sie jetzt viele Einzelheiten über den „Schwarzen Krebs“ kennengelernt.
Zu viele? Wir meinen:

Vorsicht ist besser als „Nachruf“!

Lieber „zu viel“ nachgedacht, als zu spät zum Arzt gebracht!

Unsere Merkblätter schicken wir Ihnen auf Wunsch gern zu.

Kostenlose zusätzliche Melanom-Beratung jeden Mittwoch von 12.00 bis 13.00 Uhr nach telefonischer Anmeldung (Tel.-Nr. 06 41 / 7 02 35 46).

Ihre Gießener Melanom-Gruppe (am Klinikum der Justus-Liebig-Universität)

Abb. 10 b

Abb. 37: Auf der zweiten Seite des Merkblattes IV der Gießener Melanom-Gruppe wurden die neuen Inhalte, wie das subunguale Melanom und das B-K-mole-Syndrom dargestellt. Für eine ansprechende Informationsvermittlung wurde zum Beispiel die Zeichnung von dem Mann, der lächelnd vom Hautarzt nach Hause geht, gewählt. Zuvor war er auf der ersten Seite des Merkblattes mit Bedenken zu seinem Hautarzt gegangen (s. Abb. 36).

Ergänzend bot die Hautklinik des Gießener Universitätsklinikums zusammen mit den Hautkliniken der Universitäten Erlangen, München und Köln eine telefonische Melanomberatung für Ärzte an, um nicht nur für Laien eine Anlaufstelle zu bieten.

Wie sich herausstellte, ging von allen Sekundärartikeln, welche durch die Aufklärungsaktion der Gießener Melanom-Gruppe angestoßen wurden, fast eine genauso große Aufklärungswirkung aus wie von den Merkblättern selber. Somit erfüllten sich die Hoffnungen der Gießener Melanom-Gruppe hinsichtlich der gewünschten Doppelfunktion ihrer Kampagne.[78] Die geplante Dynamik der Aufklärung und der Aufbau der Kampagne einschließlich der nachfolgenden Erfolgskontrolle sind in der Abbildung 38 dargestellt.

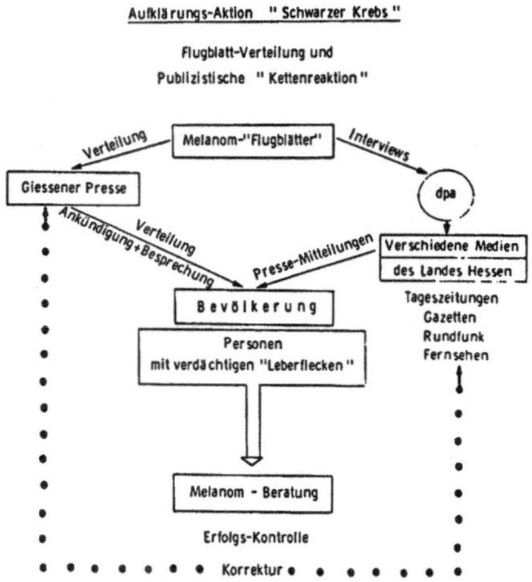

Abb. 38: Mit dieser Abbildung wurde der Verlauf der Melanomaufklärung gezeigt, welche durch die Flugblattreihe „Schwarzer Krebs" der Gießener Melanom-Gruppe in Gießen und Hessen angestoßen wurde.

Erfolge der ersten Melanomaufklärung

Um zu zeigen, dass die Aufklärungsaktion der Gießener Melanom-Gruppe eine durchwegs wirkungsvolle Melanomprävention war, schildere ich im Folgenden die Erfolge, die nach den 14 Monaten Laufzeit der Merkblattreihe zu verzeichnen waren.

---

78 Illig L., Paul E., Hundeiker M., Public and Professional Melanoma Education", S. 100

In der Melanomsprechstunde wurden bei den ersten 1000 Patienten 6 Melanome entdeckt. Das ließ eine deutlich höhere Dunkelziffer als die bis dahin in der Literatur angegebenen 4 Melanome auf 100 000 Einwohner pro Jahr vermuten. Diese für Deutschland ungewöhnlich hohe Anzahl an diagnostizierten Melanomen zeigte auch, dass eine informierte Bevölkerung wie die von Gießen eher einen Hautarzt konsultiert, weil sie selbst schon ein Früherkennungsmerkmal oder ein Malignitätsmerkmal vermutet. Ungefähr 50% aller Patienten in der extra eingerichteten Sprechstunde bekannten, dass sie vor der Aufklärungsaktion nichts über das Melanom an sich und schon gar nicht über die Verwechslungsgefahr mit anderen Pigmentmalen wussten.

Insgesamt wurden bei der Sondersprechstunde 59 Melanome und 2 „maligne Lentigines" diagnostiziert. Wenn man, wie heute üblich, den Clark-Level oder die Breslow-Dicke als Tumorstadieneinteilung und als Maß für eine effektive Früherkennung zu Rate zieht, wird ersichtlich, dass im Vergleich zu den Jahren vorher, die Verteilung der diagnostizierten Primärtumore merklich zur Früherkennung hin verschoben war. Deutlich wird das bei der Betrachtung der Breslow-Dicke.

Der Anteil der diagnostizierten Primärtumore, die dünner als 1,51 mm waren, stieg im Beobachtungszeitraum von 1978 bis 1982 merklich an. In den Jahren 1978 und 1979 waren 56 % der Primärtumore dünner als 1,51 mm, in den Jahren 1980 und 1981 jeweils 59 % und schließlich in der Melanomsprechstunde 80 % (s. Diagramm 3).[79]

Eine positive Folge der Aufklärungsaktion war auch die erhöhte Aufmerksamkeit der Personen, welche täglich mit Menschen arbeiten und sonst schwer einzusehende Hautstellen betrachten können. Bei den Melanomen der „Melanom-Beratung" waren immerhin zwei Patienten dabei, bei denen das Melanom aufgrund der Aufmerksamkeit ihrer Friseurin beziehungsweise ihrer Kosmetikerin entdeckt wurden. Die Erkenntnis, dass man mit der Aufklärung prädestinierter Berufsgruppen eine noch bessere Melanomprävention erreichen kann, hatte man schon zuvor in den USA gewonnen. In New Mexico wurden die Beschäftigten dieser Berufe als Hauptziel der Laienaufklärung gewählt.[80] Durch die Ergebnisse

---

79 Illig L., Paul E., Hundeiker M., "Public and Professional Melanoma Education", S. 103/104

80 Illig L., Paul E., Hundeiker M., "Public and Professional Melanoma Education", S.110

der „Melanom-Beratung“ in Gießen konnte diese Erkenntnis bekräftigt werden.

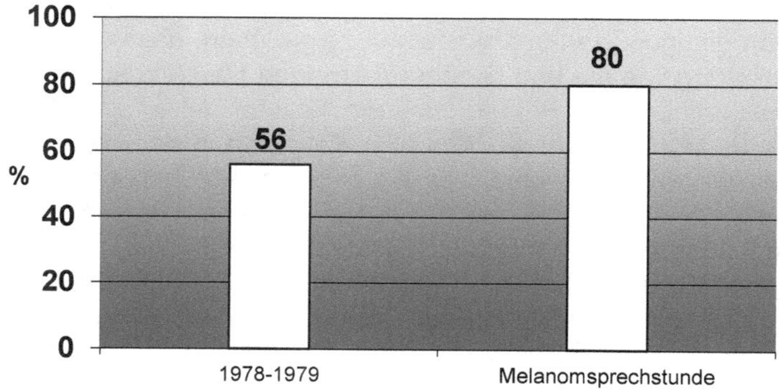

Diagramm 3[81]*: Anteil der diagnostizierten Frühstadien der Melanome mit einer Tumordicke unter 1,51 mm im Untersuchungsmaterial der Universitäts-hautklinik Gießen*

Weitere Pionierarbeit in der Melanomaufklärung

Im Januar 1983 veröffentlichten Illig L., Paul E., und Hundeiker M., in der Fachzeitschrift für medizinische Fortbildung Tempo Medical Nr. 2 den ersten Teil (s. Abb. 39) von ihrem insgesamt sieben Teile umfassenden, „Lernprogramm für Ärzte und Nicht-Ärzte“. Der Titel dieser Reihe lautete „Differentialdiagnose aufgrund neuerer Erkenntnisse über Melanom und Nävus“.

Wie der Titel des Lernprogramms schon sagt, war die sieben Teile umfassende Aufklärung sowohl für Ärzte als auch für die Allgemeinheit gedacht. Die Grundlagen für den 1. Teil lieferten die zu Eingang dieses Kapitels geschilderten Untersuchungen von Paul zur Wachstumsdynamik der Melanome aus dem Jahr 1977.[82] Das Thema, die Entstehung

81 Illig L., Paul E., Hundeiker M., “Public and Professional Melanoma Education“, S. 104 (Tab. 2b)

82 Paul E., „Entstehung maligner Melanome auf präexistenten Pigmentläsionen. Überprüfung der anamnestischen Angaben anhand von privaten Photoserien der Patienten“

eines Melanoms, wurde mit zahlreichen Bildern veranschaulicht. Hervorzuheben sind die folgenden im Text besonders betonten Statements: „Das beginnende Melanom der Haut sieht oft aus wie ein Pigmentmal, ist aber keins!“, „Die meisten Melanome entstehen nach neuen Erkenntnissen „de novo“.“ und „ Selten ist dagegen, was früher als Regel galt: Die Umwandlung von Pigmentmälern in Melanome.“ (s. Abb. 40). Ein Fortschritt für die Differentialdiagnose eines Melanoms war auch die Erkenntnis, dass ca. 65% aller Melanome vom Typ der „Superfiziell Spreitenden Melanome“ (SSM) sind und damit eine extrem lange horizontale Wachstumsphase aufweisen können (Paul 1977). Dieser Umstand führte zu der fälschlichen Annahme sowohl bei Ärzten auch als in der Bevölkerung, dass Melanome vor allem aus präexistenten Pigmentläsionen entstehen[83], weil man sich eine so lange initiale Wachstumsphase von malignen Tumoren nicht vorstellen konnte und meinte, dass ein so bösartiger Tumor wie ein Melanom sich in wenigen Wochen entwickeln müsse.

Teil 2 des Lernprogramms erschien im Februar 1983 im Tempo Medical Nr. 3. Dieser Artikel ging mit begleitenden Bildserien (s. Abb. 40) auf die Differentialdiagnose von Melanom, Pigmentmal und „Alterswarze“ (=seborrhoische Warze) ein. Der Grund für die Darstellung dieser Differentialdiagnose war, dass die häufigste Fehldiagnose bei einem Melanom das Pigmentmal beziehungsweise die seborrhoische Warze war.[84] Gleichzeitig wurde jedoch herausgestellt, dass „bei Kenntnis einiger Faustregeln die meisten Pigmentnaevi und seborrhoischen Warzen ziemlich sicher von malignen Melanomen unterschieden“[85] werden können.

Im 2. Teil des Lernprogramms wurde auch das deutsche „Melanoma Education Project“ dargestellt, welches von der Gießener Melanom-Gruppe gestartet worden war. So wurden einige Abbildungen und die dazugehörigen Inhalte der Merkblätter I-IV aus den Jahren 1980 und 1981 integriert.

---

83 Illig L., Paul E., Hundeiker M., Differentialdiagnose aufgrund neuerer Erkenntnisse über Melanom und Naevus, Ein Lernprogramm für Ärzte und Nicht-Ärzte – 1. Teil, S. 43

84 Illig L., Paul E., Hundeiker M., Differentialdiagnose aufgrund neuerer Erkenntnisse über Melanom und Naevus, Ein Lernprogramm für Ärzte und Nicht-Ärzte – 2. Teil, S. 45

85 Illig L., Paul E., Hundeiker M., Differentialdiagnose aufgrund neuerer Erkenntnisse über Melanom und Naevus, Ein Lernprogramm für Ärzte und Nicht-Ärzte – 2. Teil, S. 45

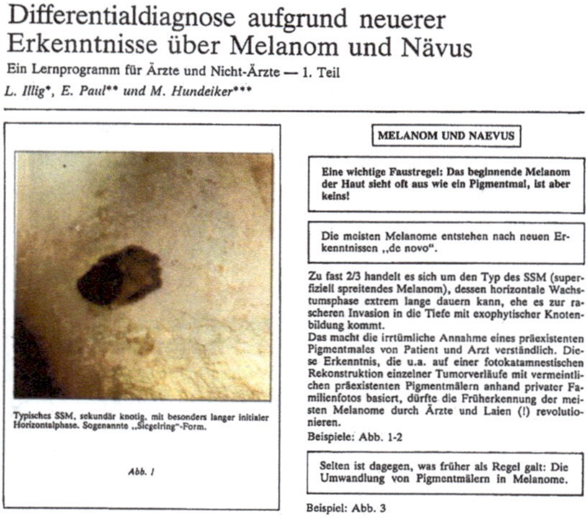

Differentialdiagnose aufgrund neuerer Erkenntnisse über Melanom und Nävus

Ein Lernprogramm für Ärzte und Nicht-Ärzte — 1. Teil

L. Illig, E. Paul** und M. Hundeiker****

Typisches SSM, sekundär knotig, mit besonders langer initialer Horizontalphase. Sogenannte „Siegelring"-Form.

Abb. 1

MELANOM UND NAEVUS

Eine wichtige Faustregel: Das beginnende Melanom der Haut sieht oft aus wie ein Pigmentmal, ist aber keins!

Die meisten Melanome entstehen nach neuen Erkenntnissen „de novo".

Zu fast 2/3 handelt es sich um den Typ des SSM (superfiziell spreitendes Melanom), dessen horizontale Wachstumsphase extrem lange dauern kann, ehe es zur rascheren Invasion in die Tiefe mit exophytischer Knotenbildung kommt.
Das macht die irrtümliche Annahme eines präexistenten Pigmentmales von Patient und Arzt verständlich. Diese Erkenntnis, die u.a. auf einer fotokatamnestischen Rekonstruktion einzelner Tumorverläufe mit vermeintlichen präexistenten Pigmentmälern anhand privater Familienfotos basiert, dürfte die Früherkennung der meisten Melanome durch Ärzte und Laien (!) revolutionieren.

Beispiele: Abb. 1-2

Selten ist dagegen, was früher als Regel galt: Die Umwandlung von Pigmentmälern in Melanome.

Beispiel: Abb. 3

Abb. 39: Die Abbildung zeigt die erste Seite des Lernprogramms für Ärzte und Nicht-Ärzte, welches in der Fachzeitschrift Tempo Medical Nr. 2 im Januar 1983 von den Dermatologen der Universität Gießen, L. Illig, E. Paul und M. Hundeiker veröffentlicht wurde.

Komplettiert wurde die Präsentation des „Deutschen Melanoma Education Project" im 3. Teil des Lernprogramms. Dieser wurde ebenfalls im Februar 1983 im Heft Tempo Medical Nr. 4 veröffentlicht. Der Verlauf der journalistischen Kettenreaktion, welche durch die Merkblätter ausgelöst wurde, wurde schematisch dargestellt (s. Abb. 38). Insgesamt war die Beschreibung der Melanomprävention in den Teilen 2 und 3 geprägt durch die Darstellung der positiven Aspekte, wie zum Beispiel der guten Heilungs-Chancen bei früh erkannten Melanomen, und schaffte somit beim Leser eine positive Motivation zur aktiven Mitarbeit. Inhaltlich wurde das eigentlich neue Thema des vierten Merkblattes der Aufklärungsaktion „Kampf dem schwarzen Krebs" abgehandelt (s. S. 66). Zum besseren Verständnis wurden wiederum Bildserien von subungualen Melanomen, einem Fersenmelanom, einer diabetischen Gangrän und einem „Black-Heel-Syndrom" in den Artikel integriert.

Im 4. Teil, im Mai 1983 im Tempo Medical Nr. 9 erschienen, wurde versucht, dem Leser zu erklären, wann es aus medizinischer Sicht sinnvoll ist „abwartende" oder „aktive" Melanomvorsorge zu betreiben.

Die „abwartende" Prävention beschrieb die routinemäßige Vorsorgeuntersuchung in regelmäßigen Zeitabständen und bezog sich vor allem auf die Zielgruppe von Risikopatienten ohne konkreten Melanomverdacht.

Die „aktive" Prävention hingegen beschrieb die Entfernung von Melanomverdachtstellen „in toto". Als besonders wichtig wurde das bei den Risikogruppen wie Trägern von großen und kleinen kongenitalen Pigmentmalen, Personen mit dem B-K-Mole-Syndrom und Personen mit der so genannten „weißen Komplexion" (s. S. 77) dargestellt. Die verschiedenen Möglichkeiten und die Relevanz einer „in-toto"-Exzision wurden anhand des „kleinen" kongenitalen Pigmentmals und des „Gartmann-Flecks", (heute bekannt als „Naevoide Lentigo") mit veranschaulichenden Bildserien erläutert. Als besonders schwierige Form für eine Exzision „in toto" wurde der kongenitale Riesenzellnaevus vorgestellt. Somit mussten die Erkenntnisse, die in den heutigen Früherkennungspraktiken selbstverständlich sind und natürlich noch weiter verfeinert wurden, erst einmal Schritt für Schritt erdacht und erarbeitet werden, weil man hinsichtlich der Prävention in Deutschland Neuland betreten hatte.

Der 5. Teil des Lernprogramms, im Mai 1983 im Tempo Medical Nr. 10 erschienen, hatte den Titel „Die vier häufigsten Melanom-Typen und ihre spezielle Differentialdiagnose (ein kleiner dermatologischer Exkurs)" und wurde inhaltlich im 6. Teil, „Die vier häufigsten Melanom-Typen und ihre jeweilige spezielle Differentialdiagnose (Fortsetzung und Schluss)",erschienen im Juni 1983, im Tempo Medical Nr. 11 komplettiert.

Zu Beginn wurde betont, dass die sichere histologische Diagnose eines Melanoms wegen ihren Tücken ein geübtes Auge braucht. Anschließend wurden die vier Melanomtypen „Das superfiziell spreitende Melanom", die „Lentigo Maligna" und das „Lentigo-maligna-Melanom", das „noduläre Melanom" und das „akrolentiginöse Melanom" mit ihren typischen Erscheinungsformen und verwechslungsträchtigen Läsionen beschrieben und wiederum mit passenden Bildern gut veranschaulicht (s. Abb. 41). Dabei wurde der Abbildung des jeweiligen Melanomtyps die häufigste Fehldiagnose gegenüber gestellt.

Anschließend wurden die weniger häufigen Formen wie das amelanotische Melanom, als „Wolf im Schafspelz" bezeichnet, und das subunguale Melanom mit ihren Erscheinungsformen und differentialdiagnostischen Besonderheiten beschrieben und bebildert.

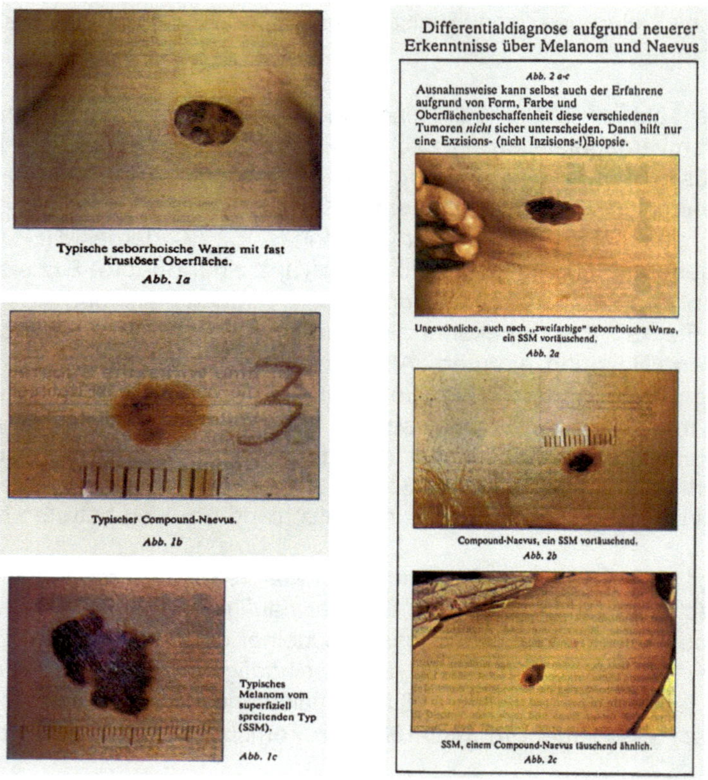

Abb. 40: Die Bildserie war Bestandteil des 2. Teiles des Lernprogramms für Ärzte und Nicht-Ärzte, welcher von den Gießener Dermatologen Illig L., Paul E. und Hundeiker M. im Februar 1983 veröffentlicht wurde. In dieser Bildserie wurden verwechslungsgefährdete Erscheinungsformen eben dieser typischen Hautbilderscheinungen, wie sie zuvor dargestellt wurden, gezeigt.

Zum vorläufigen Abschluss des „Lernprogramms für Ärzte und Nicht-Ärzte" wurde nochmals betont, wie wichtig die Melanomprävention sei und dass mit gezielter Informationspolitik bei Laien sowie bei Ärzten die meisten Melanomerkrankungen geheilt werden könnten. Verwiesen wurde dabei auf die Erfolge der Aufklärungsarbeit in Queensland und New

Mexico und auf die Aufklärungskampagne der Gießener Universitätsklinik in Hessen als Startpunkt der Melanomprävention in Deutschland.

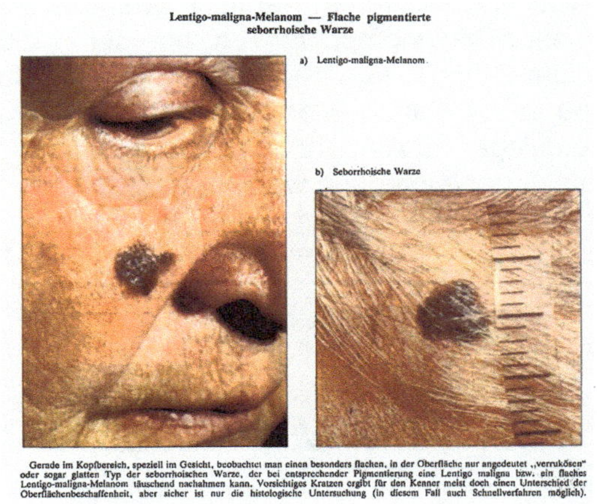

Abb. 41: Diese Abbildung zeigt beispielhaft die Bebilderung in den beiden Teilen 5 und 6 des „Lernprogramms für Ärzte und Nicht-Ärzte" von den Gießener Dermatologen Illig L., Paul E. und Hundeiker M. Erschienen sind diese beiden Teile im Mai beziehungsweise im Juni 1983 in der Fachzeitschrift Tempo Medical Nr. 9 und Nr. 10.

Im November 1983 im Heft Tempo Medical Nr. 20 wurde dem Lernprogramm ein weiterer Abschnitt, der „7. und „allerletzte" Teil", hinzugefügt. Unter dem Titel „Expertenfehler: Eine „Plauderei aus der Schule" über Irrtümer und Fehldiagnosen „unter Kennern" wurden selbstkritisch die Gefahren der Differentialdiagnose anhand von eigenen Behandlungsfehlern dargestellt. In der Beschreibung von fünf Beispielfällen wurde klargestellt, dass auch Experten auf dem Gebiet des Melanoms, sogar im Team, aufgrund von Unregelmäßigkeiten in den Erscheinungsformen vor Fehleinschätzungen nicht gefeit sind. Jedoch wurde auch deutlich gemacht, dass in unsicheren Fällen die Beratung mit einem Kollegen das Risiko einer Fehleinschätzung deutlich minimieren kann. Man muss jedoch berücksichtigen, dass das Dermatoskop, das die Melanomdiagnostik noch einmal erheblich verbessert hat, noch nicht entwickelt worden war.

1985-1988: Aufklärungskampagnen der Gießener Dermatologen

Die Aufklärung von prädestinierten Berufsgruppen als weiterer Baustein für eine umfassende Melanomprävention war der nächste Schritt der Gießener Melanom-Gruppe. Im Jahr 1985 veröffentlichte die Gießener Melanom-Gruppe ein „Melanom-Merkblatt" speziell für Krankenschwestern und Krankenpfleger (s. Abb. 42). Mittlerweile war zudem Frau Gudrun Scharfe in die Gruppe integriert worden.

KAMPF DEM SCHWARZEN KREBS!

Melanom-Merkblatt

für Krankenschwestern und Krankenpfleger

Der **schwarze Krebs** der Haut (malignes Melanom) entsteht aus den gleichen Zellen wie die gewöhnlichen Pigmentmäler: den sog. Melanozyten der Oberhaut. Daher ist er besonders leicht und ohne technische Hilfsmittel erkennbar.
Rechtzeitig diagnostiziert, ist er einfach und sicher heilbar. Zu spät erkannt, gefährdet er dagegen Gesundheit und Leben; er dringt in die Blut- und Lymphgefäße ein und kann sich auf diesen Wegen im ganzen Körper ausbreiten, "metastasieren". Hierdurch wird er zu einem der bösartigsten und heimtückischsten Tumoren überhaupt.

In allen Ländern der Welt nehmen die malignen Melanome seit einigen Jahren erschreckend zu. Leider kommt aber bei uns die Hälfte aller Melanom-Patienten aus reiner Unkenntnis immer noch zu spät zur Behandlung. **Der Kampf gegen diese Unkenntnis ist die wichtigste Waffe gegen einen vermeidbaren Tod.** Nicht nur Ärzte, sondern auch Krankenschwestern und Krankenpfleger sollten sich hieran beteiligen.

Aufgrund des gemeinsamen Ursprungs und seiner dunklen Farbe sieht schwarzer Krebs oft aus wie ein Pigmentmal - ist aber keins.

Gutartige Pigmentmäler bilden sich in der Jugend, vor allem während der Pubertät, bis etwa zum 35. Lebensjahr. Fast jeder hat sie und jeder kennt sie, besonders natürlich Personen aus Medizinberufen. Es gibt flache, glatte Exemplare ("Leberfleck"; Lentigo) und knopfförmig vorspringende bzw. warzenförmige Exemplare (sog. Zellnaevi). Pigmentmäler erreichen rasch eine bestimmte Größe (in der Regel unter 1 cm Durchmesser), ändern sich dann aber im weiteren Leben nicht mehr. Vielzahl, Ähnlichkeit untereinander, gleichmäßige Farbe und Symmetrie sind ihre Hauptkennzeichen.
Melanome dagegen sind bis zur Pubertät extrem selten; danach verteilen sie sich gleichmäßig über alle Lebensalter. Im Gegensatz zum gewöhnlichen epithelialen Hautkrebs (Basaliom und Stachelzellkarzinom) sind sie also kein Attribut speziell des höheren Alters. Einmal begonnen, verbreitern sie sich ständig und werden schließlich größer als gewöhnliche Pigmentmäler.

Abb. 42: Nachdem die Gießener Melanom-Gruppe versucht hatte, die Bevölkerung mit der Merkblatt-Reihe (s. S. 56ff) aufzuklären, ging sie im Jahr 1985 einen Schritt weiter und versuchte prädestinierte Berufsgruppen zu informieren.

Um einen Wiedererkennungswert zu erzielen, wurde auch auf diesem Merkblatt der Slogan „Kampf dem schwarzen Krebs“ zusammen mit dem Bild eines Krebses, in Anlehnung an die Merkblattreihe aus den Jahren 1980 und 1981 verwendet. Das Merkblatt umfasste Regeln und Anleitungen zur Erkennung eines Melanoms. Die „Millimeter-Regel“ zum Beispiel bezog sich auf den Durchmesser, das „Altersmelanom“, die „Alterswarze“ und das „Nagelmelanom“ auf spezielle Lokalisationen und Verwechslungsmöglichkeiten. Die Risikogruppe mit den typisch „irischen äußerlichen“ Merkmalen wurde als „weiße Komplexion“ umschrieben. Zusätzlich wurde auf kongenitale Riesenmäler, die familiäre Häufung von Melanomen, auf Vorläuferläsionen und auf die Verwechslungsgefahr mit Pigmentmalen eingegangen. Zu guter Letzt wurden die wichtigsten Grundregeln auf „Bild und Reim gebracht“ (s. Abb. 43).

Kurz "auf Bild und Reim gebracht":

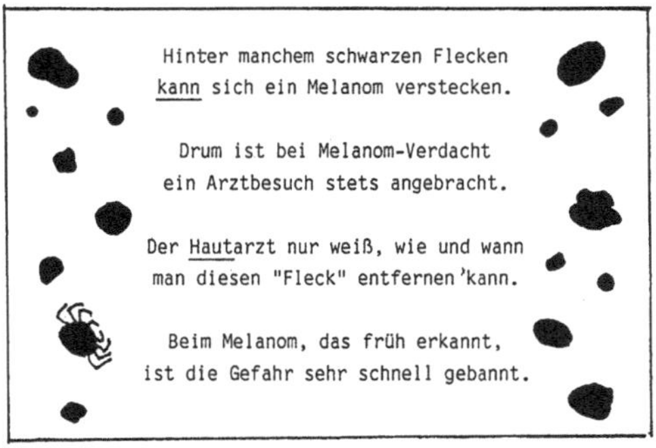

Abb. 43: Die Zusammenfassung der wichtigsten Punkte auf der letzten Seite des Merkblattes für Krankenschwestern und Krankenpfleger aus dem Jahr 1985 wurde von der Gießener Melanom-Gruppe in Form einprägsamer Reime gestaltet.

Ebenfalls im Jahr 1985, fünf Jahre nach dem Beginn der Melanomaufklärung in Deutschland, wurde erneut ein Melanom-Merkblatt unter dem Titel „Gutes Mal – Böses Mal“ herausgegeben (s. Abb. 44), um den Wissensstand in der Bevölkerung aufzufrischen.

Obwohl die Öffentlichkeit mittlerweile mit der Thematik Melanom besser vertraut war, griff die Gießener Melanom-Gruppe auch im Jahr

1985 auf die volksnahe Bezeichnung „Schwarzer Krebs“ zurück. Sie wies die Öffentlichkeit jedoch zum ersten Mal darauf hin, dass die medizinische Bezeichnung dafür „Melanom“ sei. Dieses Merkblatt beinhaltete im Großen und Ganzen die Hinweise und Slogans der Merkblattreihe aus den Jahren 1980 und 1981, welche ich zu Anfang dieses Kapitels beschrieben habe. So fanden sich zum Beispiel der „einsame schwarze Fleck“ (Merkblatt III) und das Melanom als „Wolf im Schafspelz“ (Merkblatt IV) als einprägsame Formulierungen im selben Wortlaut wieder. Thematisch wurden auch die Problematik der Lokalisation von Melanomen (zum Beispiel „Darum sollte man seinem Partner/seiner Partnerin gelegentlich auf den Rücken schauen“) und die Verwechslungsgefahr zwischen Pigmentmalen und Melanomen aufgegriffen.

Neu waren dagegen folgende zwei Themen. Um dem Leser eine bessere Vorstellung zu geben, ab welcher Größe ein vermeintlicher Pigmentfleck melanomverdächtig ist, wurde die „Bleistift – Regel“ formuliert. Diese besagte, dass ein vermeintlicher Pigmentfleck ab dem Durchmesser eines Bleistiftradiergummis als Risikoläsion angesehen werden muss. Das hieß im Umkehrschluss, dass alle Flecken, die sich mit dem stumpfen Ende eines Bleistiftes bedecken lassen wahrscheinlich unverdächtig oder - im Falle von frühen Melanomen - noch ungefährlich sind. Am Ende dieses Flyers sollte dem Leser vermittelt werden, dass ein früh erkanntes Melanom relativ einfach mit einer Exzision und kleinem Sicherheitsabstand geheilt werden kann.

Zum Abschluss wurde auf die Risikogruppe der „weißen Komplexion“ und auf das Sonnenlicht als Hauptursache des Melanoms hingewiesen.

In den Jahren 1985 bis 1988 ergänzte Paul mit eigenen Initiativen die Aufklärung und Prävention der Gießener Melanom-Gruppe. Dabei standen Publikationen in Fachzeitschriften im Vordergrund. Aber auch Laien klärte er durch gezielte Aktionen und großes persönliches Engagement auf (s. S. 85ff).

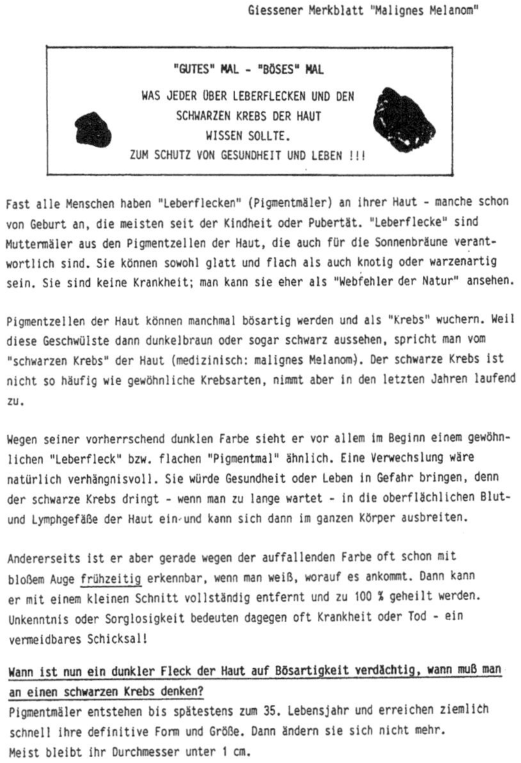

Giessener Merkblatt "Malignes Melanom"

"GUTES" MAL - "BÖSES" MAL

WAS JEDER ÜBER LEBERFLECKEN UND DEN
SCHWARZEN KREBS DER HAUT
WISSEN SOLLTE.
ZUM SCHUTZ VON GESUNDHEIT UND LEBEN !!!

Fast alle Menschen haben "Leberflecken" (Pigmentmäler) an ihrer Haut - manche schon von Geburt an, die meisten seit der Kindheit oder Pubertät. "Leberflecke" sind Muttermäler aus den Pigmentzellen der Haut, die auch für die Sonnenbräune verantwortlich sind. Sie können sowohl glatt und flach als auch knotig oder warzenartig sein. Sie sind keine Krankheit; man kann sie eher als "Webfehler der Natur" ansehen.

Pigmentzellen der Haut können manchmal bösartig werden und als "Krebs" wuchern. Weil diese Geschwülste dann dunkelbraun oder sogar schwarz aussehen, spricht man vom "schwarzen Krebs" der Haut (medizinisch: malignes Melanom). Der schwarze Krebs ist nicht so häufig wie gewöhnliche Krebsarten, nimmt aber in den letzten Jahren laufend zu.

Wegen seiner vorherrschend dunklen Farbe sieht er vor allem im Beginn einem gewöhnlichen "Leberfleck" bzw. flachen "Pigmentmal" ähnlich. Eine Verwechslung wäre natürlich verhängnisvoll. Sie würde Gesundheit oder Leben in Gefahr bringen, denn der schwarze Krebs dringt - wenn man zu lange wartet - in die oberflächlichen Blut- und Lymphgefäße der Haut ein und kann sich dann im ganzen Körper ausbreiten.

Andererseits ist er aber gerade wegen der auffallenden Farbe oft schon mit bloßem Auge frühzeitig erkennbar, wenn man weiß, worauf es ankommt. Dann kann er mit einem kleinen Schnitt vollständig entfernt und zu 100 % geheilt werden. Unkenntnis oder Sorglosigkeit bedeuten dagegen oft Krankheit oder Tod - ein vermeidbares Schicksal!

Wann ist nun ein dunkler Fleck der Haut auf Bösartigkeit verdächtig, wann muß man an einen schwarzen Krebs denken?
Pigmentmäler entstehen bis spätestens zum 35. Lebensjahr und erreichen ziemlich schnell ihre definitive Form und Größe. Dann ändern sie sich nicht mehr. Meist bleibt ihr Durchmesser unter 1 cm.

Abb. 44: Im Jahr 1985 veröffentlichte die Gießener Melanom-Gruppe das Merkblatt „Gutes“ Mal – „Böses“ Mal, um die Aufmerksamkeit der Bevölkerung bezüglich Melanome aufrecht zu erhalten.

Im Februar 1985 gestaltete Paul einen Artikel für die Fachzeitschrift Therapiewoche im Heft 8 unter dem Titel „Pigmentnävi: Vorstufen maligner Melanome?“. Hier erläuterte Paul Erscheinungsformen und Vorläuferläsionen sowie die Histogenese von Melanomen. Die klinischen und histologischen Kriterien dysplastischer Naevi waren als Tabelle, sozusagen als „take-home-message“, zusammengefasst worden (s. Abb. 45). Zu Beginn des Artikels stellte er den starken Anstieg der Melanominzidenz über die letzten 10 Jahre dar und zeigte damit, dass die bereits über die Jahre immer noch andauernde Skepsis gegenüber der Notwendigkeit der Melanomprävention veraltet und falsch sei. So betrug laut einer Studie von Paul und Rauh die mittlere Inzidenz im Raum Gießen in den Jahren 1981 bis 1983 jährlich schon 11,1 pro 100 000 Einwohner. Im Gegensatz dazu standen immer noch die Zahlen aus der Literatur für die Bundesrepublik Deutschland mit 2 Erkrankungen pro 100 000 Einwohner aus dem Krebsregister des Saarlandes.

Klinische Kriterien
1. Erworbene Pigmentläsionen
2. Familiär gehäuft oder „sporadisch"
3. Vorwiegend am Stamm
4. Meist großflächiger als gewöhnliche Nävi
5. Unregelmäßig pigmentiert

Histologische Kriterien
1. Basale melanozytäre Hyperplasie, Verlängerung der Reteleisten
2. Kernatypien der Melanozyten
3. Spindelzellige Melanozyten„nester" Zellbrücken zwischen Reteleisten
4. Lamelläre dermale Fibroplasie
5. Lymphozytäres Infiltrat

Abb. 45: Die klinischen und histologischen Kriterien dysplastischer Naevi wurden als „take-home-message" in Form einer Tabelle gestaltet. Die Tabelle war Teil des Artikels „Pigmentnävi: Vorstufen maligner Melanome?" von Paul, welcher im Jahr 1985 in der Fachzeitschrift „Therapiewoche" erschienen war.

Im August 1985 schrieb Paul einen Artikel für die Schweizer Ärztezeitschrift „Der informierte Arzt" mit dem Titel „Melanome und Naevuszellnaevi".[86] Darin stellte er seine neuen Erkenntnisse zur Histogenese und Wachstumsdynamik von Melanomen als Grundlage für eine gezielte Prävention dar. Auch in diesem Artikel behielt er die Veranschaulichung durch eine Reihe passender Bilder bei, wie sie die Gießener Melanom-Gruppe schon bei ihrem „Lernprogramm für Ärzte und Nicht-Ärzte" (s. S. 70ff) benutzt hatte. Zum Abschluss des Artikels gestaltete er drei Tabellen (s. Abb. 46) mit einer Zusammenfassung der wichtigsten Punkte zu den Themen „Klinische Kennzeichen dysplastischer Naevi", „Möglichkeiten der Prophylaxe und Früherkennung" und „Risiko-

86 Paul E., Melanome und Naevuszellnaevi, Neue Erkenntnisse zur Histogenese und Wachstumsdynamik als Vorraussetzung für eine gezielte Melanomvorsorge

patienten". Damit stellte er leserfreundlich kompakt zumindest drei Aspekte des Grundwissens bezüglich Melanome für Ärzte dar.

Erst zukünftige Studien sollten die Erkenntnisse der Erstbeschreiber bestätigen, dass die dysplastischen Naevi sowohl als Indikatoren für ein erhöhtes Melanomrisiko als auch als Vorstufen für Melanome gewertet werden können.

TABELLE 1

Klinische Kennzeichen dysplastischer Naevi

„Consensus Conference", Bethesda (nach *Freinkel* et al., 1984)

- erworben, nicht angeboren
- familiäre Häufung, aber auch „sporadisch"
- vorwiegend am Stamm, den Brüsten, Nates, behaartem Kopf, aber auch an den proximalen Extremitätenabschnitten
- meist grossflächiger und zahlreicher als gewöhnliche Naevi, etwa fünf bis zwölf Millimeter Durchmesser
- unregelmässig scheckig pigmentiert, von hellbraun bis dunkelbraun
- oft unscharf begrenzt
- flacher, makulöser Rand und ein papulomatöses Zentrum
- meist mit heller, lichtempfindlicher Haut kombiniert
- dysplastische Naevi treten erst im Erwachsenenalter auf, auch noch nach dem 35. Lebensjahr
- typische histologische Kennzeichen

TABELLE 2

Möglichkeiten der Prophylaxe und Früherkennung

- jährliche dermatologische Kontrolle von Risikopatienten
- Exzision kongenitaler Naevi, falls technisch leicht möglich
- Entfernung besonders dunkler und auffälliger Pigmentläsionen, die gegenüber den übrigen Naevi deutlich „aus dem Rahmen fallen"

TABELLE 3

„Risiko-Patienten"

- Patienten mit heller, lichtempfindlicher Haut (werden nicht braun, sondern nur rot)
- Patienten mit dysplastischen Naevi, besonders bei familiärem Auftreten
- Patienten mit kongenitalen Naevi
- Blutsverwandte ersten Grades von Melanompatienten

Abb. 46: Diese Abbildung zeigt drei Tabellen aus dem Artikel „Melanome und Naevuszellnaevi" von Paul zu den Themen „Klinische Kennzeichen dysplastischer Naevi", „Möglichkeiten zur Prophylaxe und Früherkennung" und „Risiko-Patienten". Dieser Artikel erschien im August 1985 in der Schweizer Fachzeitschrift „Der informierte Arzt" und trug zur Aufklärung und Sensibilisierung der Ärzteschaft in Deutschland und Europa bei.

Paul vertrat seine Meinung und seine Erkenntnisse zudem ebenso in ärztlichen Diskussionen. Eine solche Diskussion zwischen Paul, Pehamberger aus Wien und Tonak aus Erlangen wurde in der Fachzeitschrift „Ärztliche Praxis“ wiedergegeben. Von den genannten Ärzten wurden die Fragen „Wie kommt es zum Auftreten maligner Melanome?“, „Gibt es Kriterien zur Früherkennung der Malignität?“ und „Bestimmt das Erkrankungsstadium die Therapie?“ beantwortet.

Anlässlich eines Symposiums der Fachklinik Hornheide in Handorf am 8. November 1986 hielt Paul einen Vortrag „Zur Epidemiologie der Melanome in Mittelhessen – Trendentwicklung von 1970 bis 1984“ (Paul und Rauh, 1986). Paul und Rauh zeigten anhand von aktuellen Fallzahlen aus Gießen und Umgebung einen dramatischen Anstieg der Inzidenz von 2,4 Erkrankungsfällen im Jahr 1975 auf 11,1 Erkrankungsfälle pro 100 000 Einwohner im Jahr 1985. Somit hatte sich die Melanominzidenz in dieser kurzen Zeitspanne mehr als vervierfacht. Außerdem beschrieben Paul und Rauh erstmals die lineare Steigerung der Inzidenz mit dem Alter.

Im Jahr 1988 verfasste Paul einen Beitrag für das internationale Fachjournal „Pigment Cell“ Vol. 9 unter dem Titel „Growth Dynamics of Malignant Melanoma and Their Relationship to Melanocytic Naevi as Revealed by Photocatamnestical Investigations“.[87] Hier beschrieb Paul die Wachstumsphasen des Melanoms und die Verbindung von Melanomen zu melanozytären Naevi anhand seiner photokatamnestischen Untersuchungen. Des Weiteren erläuterte er anhand von acht Beispielfällen unterschiedliche Formen des Melanoms. Somit schärfte er die Blicke über Deutschland hinaus für die möglichen frühen Kennzeichen und Hinweise der verschiedenen Erscheinungsformen des Melanoms.

Ein Beispiel für das persönliche Engagement der Mitglieder der Gießener Melanom-Gruppe waren auch Vortragsreihen von Paul vor Schülern und Lehrern an zahlreichen Schulen, um eine nachhaltige Aufklärung an Schulen in Deutschland voranzutreiben und somit den Grundstein für eine möglichst frühe und alle Bevölkerungsteile umfassende Melanomaufklärung zu setzen. Die Schlagwörter und die „take-home-message“ aus diesen Vorträgen wurden zudem meist noch in der lokalen

---

87 Paul E., Growth Dynamics of Malignant Melanoma and Their Relationship to Melanocytic Naevi as Revealed by Photocatamnestical Investigations., Pigment Cell Vol. 9, S. 59-76

Presse mit einem Beitrag dargestellt. Demnach behandelte der Vortrag den Hauptrisikofaktor Sonnenlicht gepaart mit den Risikogruppen Hauttyp I und Träger multipler Muttermale. Zudem erläuterte Paul die Früherkennungsmerkmale des Melanoms anhand der ABCD-Regel und schaffte somit die Voraussetzung für einen eigenverantwortlichen Umgang der Schüler mit ihrer Haut. Die Tatsache, dass jedoch bei einem Verdachtsfall sofort ein Arzt konsultiert werden müsse, war natürlich auch Bestandteil des Vortrags.

Die Mitglieder der Melanom-Gruppe engagierten sich also neben der ärztlichen Fortbildung besonders auch für die Information von Laien. Dafür hielten sie Vorträge in Schulen, Vereinen und anlässlich eigens organisierter Veranstaltungen. Obwohl Schüler aus Altersgründen noch kaum Melanome aufweisen, entwickelten diese Vorträge dennoch eine gewisse Nachhaltigkeit durch das Wissen um den Zusammenhang von Sonnenlichtexposition und Melanomentwicklung und sensibilisierten für später entstehende maligne Hautbildveränderungen.

Im September 1988 stellte Paul im MedReport das Melanom als „Modellfall für die Krebs-Früherkennung“ vor. Das Melanom wurde hier erstmals als der ideale Früherkennungstumor herausgestellt. Die Gründe die Paul dafür aufführte waren: „das langsame initiale Wachstum“, „die Entwicklung an der Haut, wobei der Tumor den diagnostischen Blicken direkt zugänglich ist“, und die „Konzentration auf definierte Risikogruppen“.[88] Das Hauptaugenmerk des Artikels lag auf der günstigen langsamen Wachstumsdynamik der Melanome. Jedoch wurde auch darauf hingewiesen, dass jeder Mensch selber, mit dem Wissen der Merkmale der ABCD-Regel und der Lokalisation der Melanome an der Hautoberfläche, relativ verantwortungsvollen Teil an seiner Melanomvorsorge übernehmen könne. Vor allem die bekannte Risikogruppe der „sehr hellhäutigen Menschen oder solcher mit zahlreichen dysplastischen Naevi“[89] müssten für die aktive Mitarbeit gewonnen werden.

88 Paul E., Das maligne Melanom: Modellfall für die Krebs-Früherkennung

89 Paul E., Das maligne Melanom: Modellfall für die Krebs-Früherkennung

Melanomprävention – wie die Sonne ein Dauerbrenner

Prävention in Nürnberg

Im Februar 1989 übernahm Paul die Leitung der Hautklinik am Klinikum Nürnberg. Aus dieser Position setzte er die in Gießen begonnene Melanomprävention für Ärzte und die Bevölkerung fort. Neben Vortragsveranstaltungen nutzte er die Printmedien sowie Rundfunk und Fernsehen. Einige dieser Aktivitäten stelle ich hier exemplarisch dar. Einen Gesamtüberblick von Publikationen und Vorträgen von Paul über das Thema „Melanom" finden Sie im Anhang.

So hielt Paul am 12. Juli 1990 in Nürnberg im Rahmen des „Gesundheitsstudios", einer Initiative des Gesundheitsamtes Nürnberg (Leiter: Dr.Söllner), einen Vortrag unter dem Titel „Die Sonne als Freund und Feind – Ratschläge zum vernünftigen Umgang mit dem Sonnenlicht" (s. Abb. 47) und nutzte so die Gelegenheit, einem breitem Publikum das Thema Melanomvorsorge näher zu bringen.

Am 6. Juli 1990 erschienen in den drei großen Zeitungen Nürnbergs Artikel zum Thema „Sonnenlichtbelastung". Diese drei Artikel lauteten: „Ärzte mahnen zur Vorsicht beim Sonnenbaden - Die Haut rächt sich nach über zehn Jahren" in den Nürnberger Nachrichten (NN), „Alarm: Immer mehr Nürnberger leiden an Hautkrebs" in der Nürnberger Abendzeitung (NA) und „Aktion gegen Hautkrebs – Warnung vor einem Freund" in der Nürnberger Zeitung (NZ). Damit versuchte Paul in der Nürnberger Bevölkerung den Sinneswandel im Umgang mit der Sonne anzuregen und somit die Vorraussetzung für die primäre Melanomprävention, nämlich die Vermeidung des Hauptrisikofaktors, zu schaffen.

Ebenfalls im Jahr 1990, am 9. Juni, erschien von Paul in der medizinischen Fachzeitschrift „Regional Cancer Treatment" der Artikel „The slow growth of malignant melanomas – the great chance of their early detection". Damit setzte Prof. Paul die Aufklärung der Ärzteschaft, die er in Gießen schon betrieben hatte, fort. Indem er - wie schon zuvor in diversen Veröffentlichungen - auf die Wachstumsdynamik einging, legte er auch anhand von Bildserien dar, dass das Melanom sich zur Früherkennung, also zur sekundären Prävention bestens eigne. Somit trug Paul weiterhin erheblich dazu bei, die Ärzteschaft für das Thema Melanom zu sensibilisieren.

Abb. 47: Diese Abbildung zeigt den Flyer mit dem für einen Vortrag von Paul in Nürnberg im Jahr 1990 geworben wurde. Der Vortrag fand im Rahmen des „Gesundheitsstudios", einer Initiative des Nürnberger Gesundheitsamtes, statt.

Im Jahr 1991 erschien zur Hauptbade- und Urlaubszeit am 5. Juli wiederum ein Artikel in den Nürnberger Nachrichten, „Warnung vor Hautkrebs", in dem Paul Grundregeln zum Umgang mit der Sonne ansprach. Daneben wurde in diesem Artikel für einen Informationstag am 6. Juli geworben, an dem Paul zusammen mit der Deutschen Krebshilfe und dem Nürnberger Gesundheitsamt mit Ständen in der Fußgängerzone, in Räumlichkeiten des Gesundheitsamtes und des städtischen Krankenhauses Nürnberg umfassend über das Thema Melanom aufklärte.

Im Jahr 1992 wurde ein Interview zum Thema Melanom-Früherkennung mit Paul in der Fachzeitschrift Dermatologie als „Interview des Monats" veröffentlicht. Darin ging Paul vor allem darauf ein, dass die Früherkennung, trotz der immer noch nicht verstummten Kritiker, ihre Berechtigung hat. Durch aktuelle Statistiken in Form von drei

Tabellen zur Inzidenz und zur Tumorstadienverteilung sowie durch die Darlegung der Eigenschaften des Melanoms, welche die Prävention begünstigen (s. S. 11ff), kämpfte Paul weiterhin für die Anerkennung der Notwendigkeit und des Sinngehalts der primären und sekundären Melanomprävention.

Für das „Gesundheitsstudio“ der Stadt Nürnberg (Leiter: Dr. Söllner) gestaltete Prof. Paul im Juni 1993 den Flyer „Gesund durch den Sommer“ (s. Abb. 48). Der Flyer erreichte eine Auflage von 20 000 Exemplaren. Der wichtigste Aspekt dieses Flyers waren die „Zehn Regeln für den vernünftigen Umgang mit den Sonnenstrahlen“ (s. Abb. 48). Im Speziellen ging Paul noch auf die Bedeutung der Ozonwerte ein. Damit schärfte er ein weiteres Mal die Sinne der Leser für die Warnzeichen einer zu hohen Sonnenstrahlenexposition.

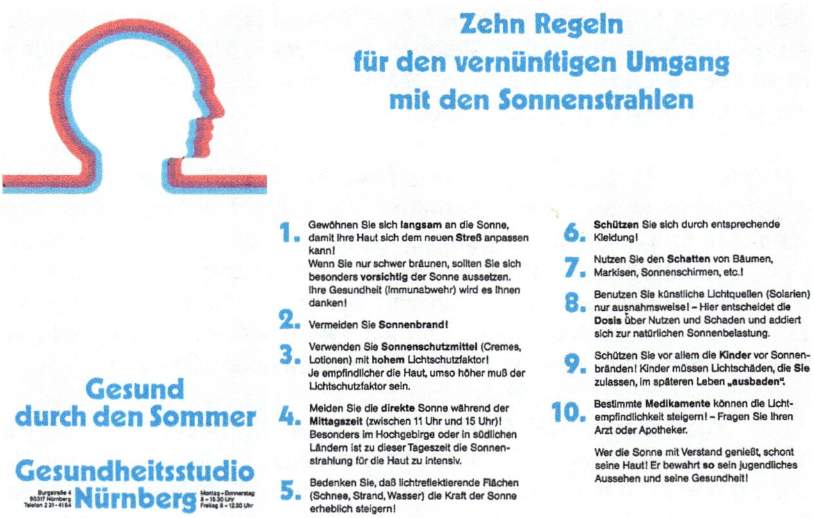

Abb. 48: Der Flyer „Gesund durch den Sommer“ wurde im Jahr 1993 vom „Gesundheitsstudio“ der Stadt Nürnberg herausgegeben. Inhaltlich gestaltet hatte ihn Prof. Paul. Die Auflage betrug 20 000 Exemplare. Hier zu sehen sind das Titelbild und die „Zehn Regeln für den vernünftigen Umgang mit der Sonne“.

Ebenfalls im Jahr 1993 schrieb Paul den ausführlichen Artikel „Die Kunst der Sonne aus dem Weg zu gehen…“ für die Zeitschrift „Lion“ des „Lions Club“. Darin beschrieb er zu Beginn die hohe Inzidenz, vor allem in Australien und den USA, die jedoch auch in Europa über die Jahre bedenklich zugenommen hatte. Danach ging er sowohl auf die primäre als auch auf die sekundäre Prävention ein. Dabei wurden von Paul für die primäre Prävention die verschiedenen Hauttypen, die verschiedenen Risikogruppen und der richtige Umgang mit dem Hauptrisikofaktor, der UV-Strahlung, erklärt. Für die sekundäre Prävention gab er dem Leser unter anderem die ABCD-Regel an die Hand. Zur Veranschaulichung der Früherkennungsmerkmale griff Paul wieder auf eine passende Bebilderung zurück. Zum Abschluss erläuterte er noch die Spätzeichen eines Melanoms, bei denen man spätestens einen Arzt konsultieren sollte. Jedoch wies er darauf hin, dass es in vielen Fällen soweit gar nicht kommen müsse, wenn jeder selber sorgsam mit seinem Körper umgehe und die einfachen Früherkennungsregeln berücksichtige. Damit stellte er ein weiteres Mal klar, dass das Melanom der ideale Präventionstumor sei und versuchte damit eine positive Motivation in der Bevölkerung zur eigenen Melanomvorsorge aufzubauen.

Wieder zur Urlaubs- und Badezeit, am 12.06.1997, erschien der Artikel „Sonnenstrahlen: Mehr Schatten als Licht?“ in der Nürnberger Abendzeitung. Darin warnte Paul vor einer zu hohen Sonnenstrahlenbelastung. Zusätzlich gab er dem Leser eine Anleitung zur richtigen Auswahl und zum richtigen Gebrauch von Sonnenschutzmitteln. Dabei verwies er auf die Ergebnisse der Stiftung Warentest, die mittlerweile verschiedene Sonnencremes auf ihre Wirksamkeit überprüft hatte.

Zur Unterstützung der Aufklärungsarbeit in Nürnberg gründete Paul einen Förderverein. Als 1. Vorsitzender dieses „Fördervereins zur Vorbeugung und Früherkennung von Hautkrankheiten“ initiierte Paul im Jahr 1990 den Flyer „Vorsicht Sonne“ (s. Abb. 49 und 50). In diesem Flyer wurden neben den „Zehn Regeln zum Umgang mit der Sonne“ die ABCD-Regel und die Hauttypen vorgestellt. Des Weiteren wurden die Fragen, wie man sich schützen könne und wer besonders gefährdet sei, beantwortet.

Abb. 49: Diese Abbildung zeigt eine Seite des aufgeklappten Flyers „Vorsicht Sonne". Dieser Flyer wurde im Jahr 1990 von Paul initiiert und gestaltet. Neben dem Deckblatt rechts sind in der Mitte die „Zehn Regeln zum Umgang mit der Sonne" zu sehen. Herausgeber war der „Förderverein zur Vorbeugung und Früherkennung von Hautkrankheiten e.V.", dessen 1. Vorsitzender Paul war.

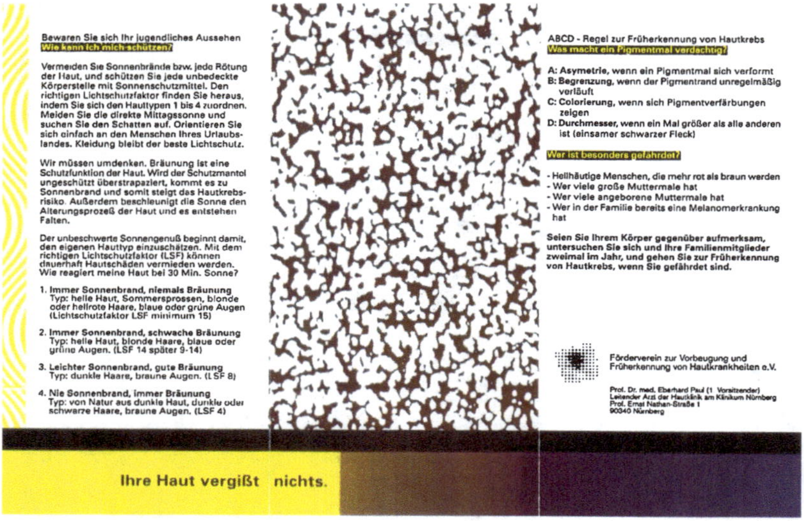

Abb. 50: Diese Abbildung zeigt die Rückseite des aufgeklappten Flyers „Vorsicht Sonne“ und ist die Fortsetzung zu Abb. 49. Hierbei wurden die Hauttypen und die ABCD-Regel vorgestellt. Zudem wurden die zwei Fragen „Wie kann ich mich schützen?“ und „Wer ist besonders gefährdet?“ beantwortet.

Fragebogen

Welcher Hauttyp bin ich?

Bestimmen Sie Ihr ganz persönliches
Risiko einer Sonnenlicht-Schädigung!

Haben Sie Ihrer Haut bereits zuviel zugemutet?
Was können Sie von Ihrer Haut im Alter erwarten?

Bitte beantworten Sie die folgenden Fragen und errechnen Ihr ganz persönliches Hautkrebsrisiko. Wer das ausgefüllte Faltblatt bei seinem Arzt abgibt, erhält eine kleine Aufmerksamkeit zum Thema „Lichtschutz".

Die Faltblätter können auch direkt gesandt werden an:
Förderverein zur Vorbeugung und Früherkennung von Hautkrankheiten,
1. Vorsitzender: Prof. Dr. med. Eberhard Paul, Hautklinik am Klinikum Nürnberg-Nord, Flurstraße 17, 90419 Nürnberg

Abb. 51: Im Jahr 2000 gestaltete Paul einen Fragebogen in Form eines Flyers. Durch ein Punktesystem konnte jeder selber berechnen, ob er ein erhöhtes Melanomrisiko hat. Dadurch wurde der Leser, wenn er zu einer Risikogruppe gehörte, für eine selbstverantwortliche Melanomprävention sensibilisiert.

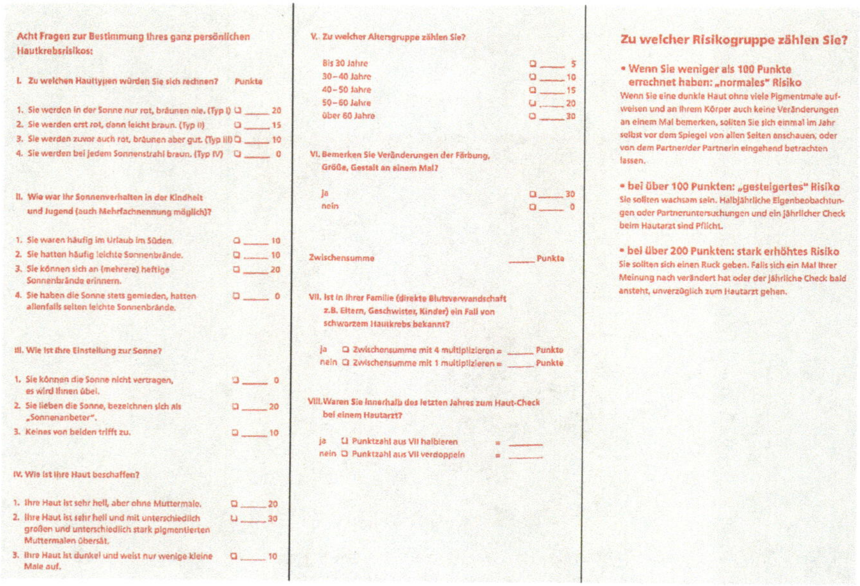

Acht Fragen zur Bestimmung Ihres ganz persönlichen Hautkrebsrisikos:

I. Zu welchen Hauttypen würden Sie sich rechnen? Punkte

1. Sie werden in der Sonne nur rot, bräunen nie. (Typ I) ☐ ______ 20
2. Sie werden erst rot, dann leicht braun. (Typ II) ☐ ______ 15
3. Sie werden zuvor auch rot, bräunen aber gut. (Typ III) ☐ ______ 10
4. Sie werden bei jedem Sonnenstrahl braun. (Typ IV) ☐ ______ 0

II. Wie war Ihr Sonnenverhalten in der Kindheit und Jugend (auch Mehrfachnennung möglich)?

1. Sie waren häufig im Urlaub im Süden. ☐ ______ 10
2. Sie hatten häufig leichte Sonnenbrände. ☐ ______ 10
3. Sie können sich an (mehrere) heftige Sonnenbrände erinnern. ☐ ______ 20
4. Sie haben die Sonne stets gemieden, hatten allenfalls selten leichte Sonnenbrände. ☐ ______ 0

III. Wie ist Ihre Einstellung zur Sonne?

1. Sie können die Sonne nicht vertragen, es wird Ihnen übel. ☐ ______ 0
2. Sie lieben die Sonne, bezeichnen sich als „Sonnenanbeter". ☐ ______ 20
3. Keines von beiden trifft zu. ☐ ______ 10

IV. Wie ist Ihre Haut beschaffen?

1. Ihre Haut ist sehr hell, aber ohne Muttermale. ☐ ______ 20
2. Ihre Haut ist sehr hell und mit unterschiedlich großen und unterschiedlich stark pigmentierten Muttermalen übersät. ☐ ______ 30
3. Ihre Haut ist dunkel und weist nur wenige kleine Male auf. ☐ ______ 10

V. Zu welcher Altersgruppe zählen Sie?

Bis 30 Jahre ☐ ______ 5
30–40 Jahre ☐ ______ 10
40–50 Jahre ☐ ______ 15
50–60 Jahre ☐ ______ 20
über 60 Jahre ☐ ______ 30

VI. Bemerken Sie Veränderungen der Färbung, Größe, Gestalt an einem Mal?

ja ☐ ______ 30
nein ☐ ______ 0

Zwischensumme ______ Punkte

VII. Ist in Ihrer Familie (direkte Blutsverwandschaft z.B. Eltern, Geschwister, Kinder) ein Fall von schwarzem Hautkrebs bekannt?

ja ☐ Zwischensumme mit 4 multiplizieren = ______ Punkte
nein ☐ Zwischensumme mit 1 multiplizieren = ______ Punkte

VIII. Waren Sie innerhalb des letzten Jahres zum Haut-Check bei einem Hautarzt?

ja ☐ Punktzahl aus VII halbieren = ______
nein ☐ Punktzahl aus VII verdoppeln = ______

Zu welcher Risikogruppe zählen Sie?

- **Wenn Sie weniger als 100 Punkte errechnet haben: „normales" Risiko**
  Wenn Sie eine dunkle Haut ohne viele Pigmentmale aufweisen und an Ihrem Körper auch keine Veränderungen an einem Mal bemerken, sollten Sie sich einmal im Jahr selbst vor dem Spiegel von allen Seiten anschauen, oder von dem Partner/der Partnerin eingehend betrachten lassen.
- **bei über 100 Punkten: „gesteigertes" Risiko**
  Sie sollten wachsam sein. Halbjährliche Eigenbeobachtungen oder Partneruntersuchungen und ein jährlicher Check beim Hautarzt sind Pflicht.
- **bei über 200 Punkten: stark erhöhtes Risiko**
  Sie sollten sich einen Ruck geben. Falls sich ein Mal Ihrer Meinung nach verändert hat oder der jährliche Check bald ansteht, unverzüglich zum Hautarzt gehen.

Abb. 52: Durch acht Fragen zu verschiedenen Risikoaspekten wurde es dem Leser des Flyers „Fragebogen – Welcher Hauttyp bin ich?" anhand eines Punktesystems ermöglicht, sich selber in die richtige Risikogruppe einzuordnen. Das Ziel war es, die Personen mit erhöhtem oder stark erhöhtem Melanomrisiko darüber zu informieren, dass sie zur Risikogruppe gehören, und dadurch für eine selbstverantwortliche Melanomprävention zu gewinnen.

In den Jahren 1999 und 2000 erschienen zwei weitere inhaltlich leicht modifizierte Flyer (s. Abb. 53, 54 und 55).

Abb. 53: Der Flyer „Mit heiler Haut davon kommen…" erschien im Jahr 1999 und war dem Flyer „Fragebogen – Welcher Hauttyp bin ich" (s. Abb. 51 und 52) inhaltlich ähnlich gestaltet.

Abb. 54: Der Flyer „Ferienzeit – gefährliche Zeit! – Mit heiler Haut davonkommen…" war eine Neuauflage des Flyers aus Abb. 53. Er erschien ein Jahr später, im Jahr 2000.

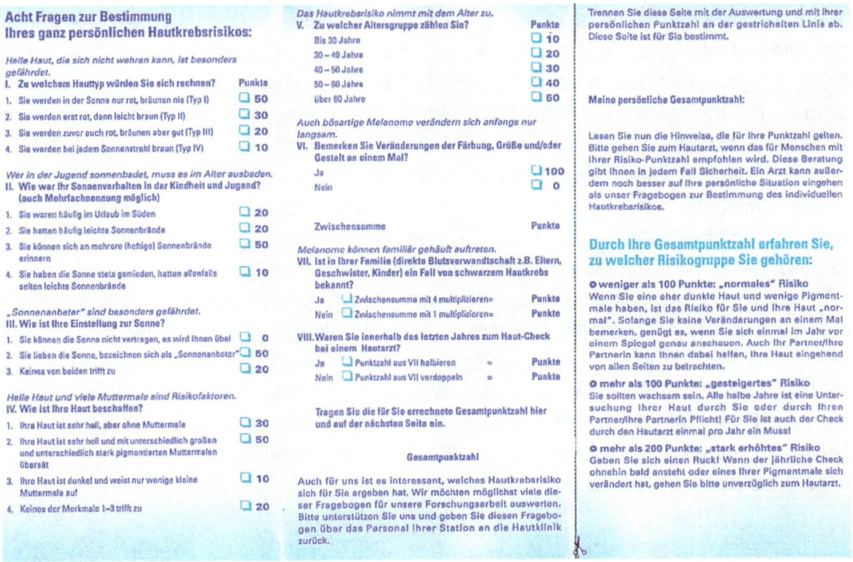

Acht Fragen zur Bestimmung Ihres ganz persönlichen Hautkrebsrisikos:

Helle Haut, die sich nicht wehren kann, ist besonders gefährdet.

I. Zu welchem Hauttyp würden Sie sich rechnen? Punkte

1. Sie werden in der Sonne nur rot, bräunen nie (Typ I) ☐ 50
2. Sie werden erst rot, dann leicht braun (Typ II) ☐ 30
3. Sie werden zuvor auch rot, bräunen aber gut (Typ III) ☐ 20
4. Sie werden bei jedem Sonnenstrahl braun (Typ IV) ☐ 10

Wer in der Jugend sonnenbadet, muss es im Alter ausbaden.

II. Wie war Ihr Sonnenverhalten in der Kindheit und Jugend? (auch Mehrfachnennung möglich)

1. Sie waren häufig im Urlaub im Süden ☐ 20
2. Sie hatten häufig leichte Sonnenbrände ☐ 20
3. Sie können sich an mehrere (heftige) Sonnenbrände erinnern ☐ 50
4. Sie haben die Sonne stets gemieden, hatten allenfalls selten leichte Sonnenbrände ☐ 10

„Sonnenanbeter" sind besonders gefährdet.

III. Wie ist Ihre Einstellung zur Sonne?

1. Sie können die Sonne nicht vertragen, es wird Ihnen übel ☐ 0
2. Sie lieben die Sonne, bezeichnen sich als „Sonnenanbeter" ☐ 50
3. Keines von beiden trifft zu ☐ 20

Helle Haut und viele Muttermale sind Risikofaktoren.

IV. Wie ist Ihre Haut beschaffen?

1. Ihre Haut ist sehr hell, aber ohne Muttermale ☐ 30
2. Ihre Haut ist sehr hell und mit unterschiedlich großen und unterschiedlich stark pigmentierten Muttermalen übersät ☐ 50
3. Ihre Haut ist dunkel und weist nur wenige kleine Muttermale auf ☐ 10
4. Keines der Merkmale 1–3 trifft zu ☐ 20

Das Hautkrebsrisiko nimmt mit dem Alter zu.

V. Zu welcher Altersgruppe zählen Sie? Punkte

Bis 30 Jahre ☐ 10
30 – 40 Jahre ☐ 20
40 – 50 Jahre ☐ 30
50 – 60 Jahre ☐ 40
über 60 Jahre ☐ 50

Auch bösartige Melanome verändern sich anfangs nur langsam.

VI. Bemerken Sie Veränderungen der Färbung, Größe und/oder Gestalt an einem Mal?

Ja ☐ 100
Nein ☐ 0

Zwischensumme Punkte

Melanome können familiär gehäuft auftreten.

VII. Ist in Ihrer Familie (direkte Blutsverwandtschaft z.B. Eltern, Geschwister, Kinder) ein Fall von schwarzem Hautkrebs bekannt?

Ja ☐ Zwischensumme mit 4 multiplizieren= Punkte
Nein ☐ Zwischensumme mit 1 multiplizieren= Punkte

VIII. Waren Sie innerhalb des letzten Jahres zum Haut-Check bei einem Hautarzt?

Ja ☐ Punktzahl aus VII halbieren = Punkte
Nein ☐ Punktzahl aus VII verdoppeln = Punkte

Tragen Sie die für Sie errechnete Gesamtpunktzahl hier und auf der nächsten Seite ein.

Gesamtpunktzahl

Auch für uns ist es interessant, welches Hautkrebsrisiko sich für Sie ergeben hat. Wir möchten möglichst viele dieser Fragebogen für unsere Forschungsarbeit auswerten. Bitte unterstützen Sie uns und geben Sie diesen Fragebogen über das Personal Ihrer Station an die Hautklinik zurück.

Trennen Sie diese Seite mit der Auswertung und mit Ihrer persönlichen Punktzahl an der gestrichelten Linie ab. Diese Seite ist für Sie bestimmt.

Meine persönliche Gesamtpunktzahl:

Lesen Sie nun die Hinweise, die für Ihre Punktzahl gelten. Bitte gehen Sie zum Hautarzt, wenn das für Menschen mit Ihrer Risiko-Punktzahl empfohlen wird. Diese Beratung gibt Ihnen in jedem Fall Sicherheit. Ein Arzt kann außerdem noch besser auf Ihre persönliche Situation eingehen als unser Fragebogen zur Bestimmung des individuellen Hautkrebsrisikos.

Durch Ihre Gesamtpunktzahl erfahren Sie, zu welcher Risikogruppe Sie gehören:

o weniger als 100 Punkte: „normales" Risiko
Wenn Sie eine eher dunkle Haut und wenige Pigmentmale haben, ist das Risiko für Sie und Ihre Haut „normal". Solange Sie keine Veränderungen an einem Mal bemerken, genügt es, wenn Sie sich einmal im Jahr vor einem Spiegel genau anschauen. Auch Ihr Partner/Ihre Partnerin kann Ihnen dabei helfen, Ihre Haut eingehend von allen Seiten zu betrachten.

o mehr als 100 Punkte: „gesteigertes" Risiko
Sie sollten wachsam sein. Alle halbe Jahre ist eine Untersuchung Ihrer Haut durch Sie oder durch Ihren Partner/Ihre Partnerin Pflicht! Für Sie ist auch der Check durch den Hautarzt einmal pro Jahr ein Muss!

o mehr als 200 Punkte: „stark erhöhtes" Risiko
Geben Sie sich einen Ruck! Wenn der jährliche Check ohnehin bald ansteht oder eines Ihrer Pigmentmale sich verändert hat, gehen Sie bitte unverzüglich zum Hautarzt.

Abb. 55: Diese Abbildung zeigt den, hinsichtlich der Fragebögen aus den Jahren vorher leicht modifizierten, Inhalt des Flyers „Ferienzeit – gefährliche Zeit! Mit heiler Haut davonkommen…" aus dem Jahr 2000 (s. Abb. 54).

Ebenfalls im Jahr 2000 informierte Paul mit dem Zeitungsartikel am 7. Juli „Sonnenbrände haben Spätfolgen" in der Nürnberger Zeitung die Bevölkerung rund um das Thema Hautkrebs. Dabei sprach er das in weiten Kreisen der Bevölkerung immer noch nicht genügend entwickelte Bewusstsein für einen sorgsamen Umgang mit der UV-Strahlung an. Dahingehend verwies er auf seinen Fragebogen, der auch im selben Jahr wieder mit einem Flyer (s. Abb. 54 und 55) herausgegeben wurde. Anhand dessen sollte sich jeder ein Bild machen, ob er ein erhöhtes Hautkrebsrisiko besitzt. Darüber hinaus gab er wieder Tipps zum richtigen Umgang mit der Sonne und machte deutlich, dass das Melanom mindestens seit den 80er Jahren an Häufigkeit drastisch zugenommen hatte, jedoch aufgrund der Früherkennung die Sterblichkeitsrate konstant geblieben war.

Am 15. August 2001 füllte Paul mit seinem Anliegen, die Öffentlichkeit zur Melanomfrüherkennung anzuregen, die Titelseite des Wochenblatts Marktspiegel, das in einer Auflage von ca. 450 000 Exemplaren in der Metropolregion Nürnberg verteilt worden war. Unter dem Titel „Vorsicht, Sonne! Die Haut vergisst nichts." fand sich eine umfassende Anleitung zum richtigen und hautschonenden Umgang mit der Sonne. In dem Interview erläuterte Paul, wie er selber im Urlaub verantwortlich mit der Sonne umgeht, weil sich Sonnenbrände in ihrer Wirkung auf die Hautkrebsrisikoerhöhung addieren. Er stellte klar, dass jeder selber sein eigenes Hautkrebsrisiko senken könne, wenn man für Hautbildveränderungen sensibilisiert ist und sich regelmäßig daraufhin untersuchen lässt.

Neben der Anleitung zum richtigen Umgang mit der Sonne wurden in diesem Artikel wiederum die speziellen Risikogruppen sowie die Merkmale der ABCD-Regel erläutert. Die Gesamtauflage des Marktspiegels betrug 452 000. Somit kann man mit Recht behaupten, dass dieser Artikel durch seine exponierte Stellung auf der Titelseite und die hohe Anzahl an Lesern erheblich zur öffentlichen Aufklärung im Nürnberger Raum beigetragen hat.

Der aktuellste Flyer aus dem Jahr 2002 heißt „10 „heiße" Urlaubstipps: Regeln für den richtigen Umgang mit der Sonne" (s. Abb. 56). Diesen Flyer gestaltete der bekannte Kolumnist der „Nürnberger Nachrichten" Jules Stauber mit 10 Vignetten zum Thema Sonnenschutz, und ein ärztlicher Mitarbeiter der Hautklinik Nürnberg, René Pschierer, kleidete die wichtigsten Textaussagen in griffige Verse. Unterstützt wurde der Herausgeber, der Förderverein zur Vorbeugung und Früherkennung von Hautkrankheiten e.V., Nürnberg, von der Arbeitsgemeinschaft Dermatologische Prävention.

Alle beschriebenen Flyer wurden jährlich an regelmäßigen „Flughafenaktionen" von Mitarbeitern der Hautklinik und freiwilligen Helfern am Flughafen Nürnberg jeweils zur Haupt-Ferienzeit an die Fluggäste verteilt. Außerdem lagen diese Flyer an den Info-Ständen des Flughafens aus. So wurden pro Jahr bis zu 20 000 Exemplare dieser Informationsbroschüren an die Flugreisenden verteilt.

Mit Unterstützung des Bekleidungshauses Wöhrl (Nürnberg) wurde zudem eine Informationsvitrine am Flughafen Nürnberg aufgestellt. Diese Vitrine hatte das Motto „Kleidung ist der beste Lichtschutz".

Der Flyer „10 „heiße" Urlaubstipps: Regeln für den richtigen Umgang mit der Sonne" (s. Abb. 56-59) wurde an vier Wochenenden am Nürnberger Flughafen verteilt. Darüber wurde auch in den Nürnberger Nachrichten in dem Artikel „Tipps für den Strandurlaub" in der Wochenendausgabe vom 20/21. Juli 2002 berichtet (s. Abb. 60).

Abb. 56: Der Flyer „10 „heiße" Urlaubstipps: Regeln für den richtigen Umgang mit der Sonne" wurde vom Förderverein zur Vorbeugung und Früherkennung von Hautkrankheiten e.V., Nürnberg herausgegeben. Initiator und verantwortlich für den Inhalt war Paul. Die Regeln wurden von René Pschierer in Reimform gestaltet und von Jules Stauber illustriert (s. Abb. 57, 58 und 59).

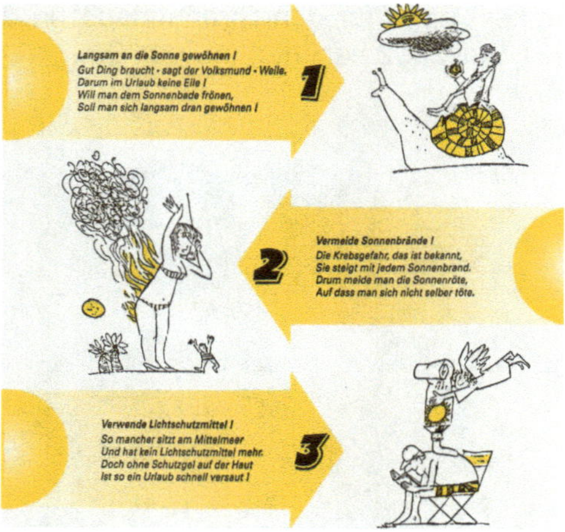

Abb. 57: Gezeigt sind hier die ersten drei Regeln aus dem Flyer „10 heiße Urlaubstipps: Regeln für den richtigen Umgang mit der Sonne". Herausgeber dieses Flyers war der Förderverein zur Vorbeugung und Früherkennung von Hautkrankheiten e.V., Nürnberg.

Abb. 58: Die Abbildung 58 ist die Fortsetzung zur Abb. 57 und zeigt die Regeln 4, 5 und 6 aus demselben Flyer.

Abb. 59: Die Regeln 7, 8, 9 und 10 komplettieren den Flyer „10 heiße Urlaubstipps: Regeln für den richtigen Umgang mit der Sonne".

Tipps für Strandurlaub

Tipps zum Schutz vor der Sonne kurz vor dem Abflug in den Strandurlaub — damit will Prof. Eberhard Paul, Chefarzt der Hautklinik am Klinikum Nord (Zweiter von rechts), rechtzeitig zum Start in die Sommerferien klar machen, dass mit Sonnenlicht nicht zu spaßen ist. Hautkrebs kann im schlimmsten Fall die Folge von zu hoher UV-Strahlung sein, warnt der Hautarzt in einem Faltblatt, das ein Team seiner Klinik an den nächsten vier Wochenenden auf dem Flughafen verteilt. Die Broschüre enthält — in Versform und illustriert von Jules Stauber — die zehn wichtigsten Regeln zum gesunden Umgang mit der Sonne. Foto: Damm

Abb. 60: Die Abbildung zeigt einen Zeitungsartikel aus den Nürnberger Nachrichten vom 20./21. Juli 2002. Darin wird die Aufklärungsarbeit über Melanome am Nürnberger Flughafen beschrieben. Auf dem Bild ist Prof. Paul mit seinem „Aufklärungs-Team" zu sehen, wie sie den Flyer „10 „heiße" Urlaubstipps: Regeln für den richtigen Umgang mit der Sonne" an Urlauber verteilen.

Im Jahr 2004 beschrieb Paul in einem Leitartikel des Bayerischen Ärzteblattes „Das Melanom – ein idealer Vorsorgetumor" plakativ die wichtigsten Gründe für diese Aussage. So führte er zum Beispiel an, dass das Melanom sich für jeden sichtbar an der Hautoberfläche entwickelt, die Farbe eines Melanoms aus dem üblichen Rahmen fällt, das Melanom sich vor allem bei Personen der bekannten Risikogruppen (s. S. 11ff) entwickelt und eine lange horizontale Wachstumsphase aufweist („Er wartet darauf, früh erkannt zu werden!).[90]

Als einer der vorläufig letzten Beiträge zur Melanomprävention in Franken erschien im Wochenendmagazin der Nürnberger Zeitung sowie in allen Regionalausgaben vom 7./8. Juni im Jahr 2008 ein Interview von Birgit Heinrich mit Prof. Paul. Zur Sommerurlaubszeit stellte das Interview inhaltlich vor allem die verschiedenen Belange des Sonnenschutzes und den verantwortungsvollen Umgang mit der eigenen Haut dar. Dabei zeigte Paul an seinem eigenem Beispiel auf, dass es nicht übertrieben sei, sich gerade im Urlaub in südlichen Reisezielen umfassend vor den UV-Strahlen zu schützen. Zum Beispiel trage er selber beim Schnorcheln immer eine Badekappe, ein langärmliges weißes Funktionsshirt und eine mittellange Badehose (s. Abb. 61). Die restlichen freien Körperstellen schütze er natürlich mit wasserfester Sonnencreme. Damit versuchte er die Menschen dafür zu gewinnen, die eigene Eitelkeit nicht über die eigene Gesundheit zu stellen.

Dieses Verhalten hat mittlerweile Nachahmer gefunden. So sind z.B. viele Outfits für Schwimmer und Surfer Ganzkörperanzüge, die den Körper vom Scheitel bis zum Fuß einhüllen.

---

90 Paul E., Das Melanom – ein idealer Vorsorgetumor

Ein Hautarzt in der Sonne

Professor Eberhard Paul fährt gerne in die Karibik, schnorchelt aber nur vermummt

Von Birgit Heinrich

Kann ein Hautarzt sich noch an der Sonne erfreuen? Wäre er selbst gerne braungebrannt? Was hält er von Selbstbräunern und welche Sonnenmilch benutzt er? Ein Gespräch mit Professor Eberhard Paul (65), dem Chefarzt der Nürnberger Hautklinik.

Herr Professor Paul, gefallen Ihnen braun gebrannte Menschen?

Ja, bis zu einem gewissen Maß. Ich sehe es mit Unbehagen, wenn Menschen verbrutzelt aussehen. Aber natürlich entspricht knackig braune Haut unserem Schönheitsempfinden. Ich denke allerdings immer: Die Quittung kommt noch. Deshalb bringe ich den Mut auf, blass aus dem Urlaub zu kommen. So mutig sollten alle sein, die von Natur aus helle Haut haben. Wer exzessiv sonnenbadet, schadet sich enorm. Schließlich bräunt unser Körper ja nicht, um schick zu sein. Es ist eine Verzweiflungstat der Haut, um sich zu schützen. Sie bildet vermehrt Melanin, um schädliche UV-Strahlen abzuhalten.

Wann hatten Sie zuletzt einen starken Sonnenbrand?

In meiner Jugend. Wir waren als Kinder viel draußen. Anfang der 1970er Jahre begann ich, mich wissenschaftlich mit dem Zusammenhang von Sonnenstrahlung und Hauterkrankungen zu beschäftigen. Seither gehe ich fast nur bekleidet in die Sonne.

Wieso?

Sie schmieren sich mit einem hohen Lichtschutzfaktor ein und glauben, sie könnten sich jetzt 30 Mal länger braten lassen. Das ist doch pervers. Sie wiegen sich in falscher Sicherheit, weil sie keinen Sonnenbrand bekommen und wissen nicht, dass ihr Hautkrebs-Risiko immens steigt. UVA Strahlen sind wie Trojaner, die in die Haut eindringen und Spätfolgen verursachen. Richtig wäre es, sich außer im Gesicht und an den Händen überhaupt nicht einzucremen, dafür nur 20 bis 30 Minuten in der Vormittags- oder Spätnachmittagssonne zu bleiben und sich dann anzuziehen. Sehr gut sind die neuen physikalischen Sonnencremes. Sie enthalten ein Pulver aus winzigen Spiegelchen, das UVA- und UVB-Strahlen reflecktiert. Man wird allerdings nicht braun. Kleidung ist immer noch der beste Lichtschutz.

Sie sagen, die Quittung kommt noch. Wie sieht sie denn aus?

Wer in der Jugend

Abb. 61: Dieses Bild zeigt Prof. Paul beim Schnorcheln in der Karibik. Abgebildet wurde dieses Bild im „Magazin am Wochenende" der Nürnberger Zeitung in der Ausgabe vom 7./8. Juni 2008. Damit wollte Paul zeigen, dass die eigene Eitelkeit nicht vor der eigenen Gesundheit stehen dürfe.

Weitere Prävention im fränkischen Raum

Bereits seit dem Jahr 1984 führt die Universitätsklinik Erlangen ein klinisches Krebsregister bezüglich des malignen Melanoms. Dass ein umfassendes Krebsregister für die Prävention von Krankheiten sehr hilfreich ist , wurde bereits im Kapitel „Anfänge der Melanomprävention in Deutschland – Initiatoren und ihre Aktionen" beschrieben.

Seit dem Jahr 1998 erstellt das Tumorzentrum Erlangen jährlich Statistiken hinsichtlich des Melanoms für die gesamte Region Mittelfranken. Dabei werden unter anderem die Anzahl der Neuerkrankungen, die Altersverteilung, die Lokalisation und die histologischen Typen ermittelt. Die Tumordicken und die Stadieneinteilung werden jeweils im Vergleich zu den vorausgegangenen Jahren dargestellt.[91]

Die Universitätsklinik Erlangen beteiligte sich auch an der Aufklärung der Öffentlichkeit über Hautkrebs und im Besonderen über Melanome. Die Dermatologische Klinik gestaltete zusammen mit der Poliklinik des Universitätsklinikums Erlangen im Jahr 1998 einen umfassenden Flyer unter der Titel „Sonne ohne Reue" (s. Abb. 62). Unterstützt wurde diese Aktion auch von der Deutschen Krebshilfe, dem Gesundheitsamt Erlangen, der Universität Erlangen sowie von niedergelassenen Hautärztinnen und Hautärzten.

Inhaltlich deckte dieser Flyer eine Reihe von relevanten Themen ab. Zu Beginn wurden dem Leser Tipps an die Hand gegeben, wie man sich vor zu viel Sonne sinnvoll schützen kann. Dabei wurde der Mythos, dass die Vitamin D – Produktion bei konsequentem Sonnenschutz nicht ausreichend sei, ausgeräumt. Des Weiteren wurden die vier Hauttypen mit ihren jeweiligen Sonnenverträglichkeiten vorgestellt. Zudem wurde die Früherkennung der Melanome in den Blickpunkt gerückt. Dafür wurde dem Leser die ABCD-Regel erklärt und zusätzlich mit einer passenden Bebilderung veranschaulicht. Das Wissen von Früherkennungsmerkmalen sollte die Bevölkerung animieren, sich öfter selber auf Hautveränderungen zu untersuchen. Zusätzlich wurde dem Leser bei einem Melanomverdacht der Besuch eines Hautarztes und generell die jährlichen Vorsorgeuntersuchung empfohlen. Bei den Spätzeichen eines Melanoms, wie zum Beispiel Jucken oder Bluten eines „Hautmals", müsse man sofort einen Hautarzt konsultieren. Zum Abschluss des Flyers wurden noch Informationen zur UV-Strahlung integriert.

Mit dem Tumorzentrum der Universität Erlangen-Nürnberg als Veranstalter fanden am 1. und 8. Juli 1998 unter dem Titel des Flyers die Aktionstage „Sonne ohne Reue" statt. Hierbei wurden Vorträge zu den Themen „Licht und Haut" und „Pigmentmale und Melanome" gehalten. Anschließend an die Vorträge wurden kostenlose Vorsorgeuntersuchungen angeboten.

---

91 http://www.tumorzenrum.uk-erlangen.de/e1909/e2066/e2049/e3175/inhalt3176/C43_D03_MM_2009.pdf; 13.01.10

Abb. 62: Im Jahr 1998 trug die Dermatologische Klinik zusammen mit der Poliklinik des Universitätsklinikums Erlangen mit dem Flyer „Sonne ohne Reue“ zur Melanomaufklärung und -prävention in Raum Franken bei.

Kommission zur Früherkennung und Prävention von Hautkrebs

Im Jahr 1987 gründete die Arbeitsgemeinschaft Dermatologische Prävention e.V. zusammen mit der Deutschen Krebshilfe e.V. die Kommission zur Früherkennung und Prävention von Hautkrebs. Der erste Sprecher dieser Kommission war Prof. Dr. Eckhard W. Breitbart, damals von der Universitätshautklinik Hamburg-Eppendorf. Insgesamt umfasste die Kommission 13 dermatologische Spezialisten aus ganz Deutschland. Unter ihnen befand sich auch Prof. Paul als Ehrenmitglied. Die aktuell aktiven Mitglieder der Kommission können auf der Homepage der AG Dermatologische Prävention[92] (http://www.unserehaut.de/adp/adp-ev/experten.html) eingesehen werden.

Nachdem also in Gießen der Grundstein für die Melanomprävention in Deutschland gelegt worden war, führte die Kommission zur Früherkennung von Hautkrebs, mit der großzügigen finanziellen Unterstützung der Deutschen Krebshilfe und mit Hilfe von professionellen Werbestrategen, die öffentliche Aufklärung deutschlandweit weiter. Alleine im Zeitraum von 1989 bis 1996 hatte die Kommission ca. 5 Millionen Broschüren, nahezu 1 Millionen Poster sowie weitere Faltblätter verteilt. Hinzu kamen eine Vielzahl von Interviews im Hörfunk und im Fernsehen, Fernsehspots und Beiträge in Zeitschriften und Tageszeitungen. Unterstützt wurde die Präventionsarbeit nun auch von der Deutschen Krebsgesellschaft e.V., dem Berufsverband der Deutschen Dermatologen e.V., der Kassenärztlichen Bundesvereinigung, dem Zentralinstitut für die Kassenärztliche Versorgung, dem Bundesamt für Strahlenschutz, der Strahlenschutzkommission, dem Bundesministerium für Umwelt, Naturschutz und Reaktorsicherheit, der Bundeszentrale für gesundheitliche Aufklärung und dem Bundesministerium für Gesundheit. Wie man an der Vielzahl der unterstützenden Organisationen erkennen kann, waren im Jahr 1989 die verantwortlichen Personen in der Politik und im Gesundheitswesen bereits von der Notwendigkeit und Richtigkeit der Früherkennung und Prävention von Melanomen überzeugt worden. Dazu trugen natürlich die Erkenntnisse und die Arbeit der Gießener Melanom-Gruppe aus den Jahren zuvor erheblich bei. Im Folgenden schildere ich chronologisch die Arbeit der Kommission bezüglich der öffentlichen Melanomprävention.

92 http://www.unserehaut.de/adp/adp-ev/experten.html; 13.01.10

Die erste Publikation zur öffentlichen Aufklärung erschien im Jahr 1989 in Form der zwölfseitigen Broschüre „So schützen Sie sich vor dem schwarzen Hautkrebs." (s. Abb. 63). Insgesamt stand bei dieser Broschüre die sekundäre Prävention im Vordergrund, also die Früherkennung.

Mit volksnaher Sprache und in der direkten Ansprache an den Leser wurden die Inhalte eingängig gestaltet. So wurden die Informationen vermittelt, wie sich der schwarze Hautkrebs bemerkbar macht, wie man ihn erkennen kann und wie man das Risiko, daran zu erkranken, senken kann. So durften die bekannten Aspekte nicht fehlen, dass Hautkrebs früh erkannt heilbar ist, prädestinierte Personengruppe mit erhöhtem Risiko und klinische Merkmale für die malignen Veränderungen der Haut bekannt sind. Den Abschluss der Broschüre bildete eine kurze Checkliste für den Leser, anhand derer jeder erkennen konnte, wer ein erhöhtes Melanomrisiko hat. Es wurde natürlich auch darauf hingewiesen, dass bei einem eigenen Verdacht auf ein Melanom die endgültige Diagnose nur von einem Arzt gestellt werden kann.

Gleichzeitig wurde im Rahmen dieser Kampagne ein Tag der offenen Tür mit kostenlosen Untersuchungen durchgeführt.

Im Jahr 1990 entwickelte und verteilte die Kommission zur Früherkennung und Prävention von Hautkrebs eine Ärztebroschüre unter dem Titel „Erkennen Sie Hautkrebs, wenn Sie ihn sehen?" Damit wurde das Auge der Ärzte für die äußerlichen Früherkennungsmerkmale geschult. Die Erläuterung dieser äußerlichen Früherkennungsmerkmale wurde in gekürzter Form unter demselben Titel im selben Jahr in die Broschüre „Achtung, Sonne." (s. Abb. 64) integriert.

Abb. 63: Diese Abbildung zeigt das Titelbild der ersten Publikation der Kommission zur Früherkennung und Prävention von Hautkrebs, „So schützen Sie sich vor dem schwarzen Hautkrebs“, aus dem Jahr 1989. Diese 12-seitige Broschüre war der Anfang der deutschlandweiten öffentlichen Aufklärungsarbeit, welche unter anderem durch die Aufklärungsarbeit in Gießen aus den vorangegangenen Jahren angeregt wurde.

Von 1990 bis 1992 lief das Programm „Achtung, Sonne.“ Dafür wurden zwei Broschüren mit ähnlichem Inhalt, jedoch teilweise unterschiedlicher Bebilderung herausgegeben. Zum einen im Jahr 1990 die eben erwähnte Broschüre „Achtung, Sonne.“ und zum anderen im Jahr 1991 „Achtung Sonne. Eine Packungsbeilage für die ganze Familie“ (s. Abb. 65). Das Hauptaugenmerk lag bei dieser Kampagne - im Gegensatz zu der aus dem Jahr 1990 - auf der primären Prävention, also darauf, das Erkrankungsrisiko an Hautkrebs, und im speziellen an einem Melanom, zu minimieren. Dafür wurden dem Leser Vermeidungsstrategien gegen die Sonnenstrahlenbelastung an die Hand gegeben.

In diesen relativ umfangreichen Broschüren wurden die Inhalte, wie in „So schützen Sie sich vor schwarzem Hautkrebs.“ (s. Abb. 63), mit leicht verständlicher, volkstümlicher Sprache und passender Bebilderung gut vermittelt. Zu Beginn des Heftchens „Achtung Sonne. Eine Packungsbeilage für die ganze Familie“, welches ein breites Themenspektrum abdeckte, wurde die Sonnenlichtexposition als Hauptrisikofaktor ausführlich dargestellt. Dabei wurde sowohl über die Intensität der UV-Strahlung unter zeitlichen und geographischen Aspekten als auch über die Wirkung der UV-Strahlen in der Haut aufgeklärt. Wiederum Eingang in die Aufklärungsboschüre fand der Hinweis auf die verschiedenen Hauttypen und damit verbunden der Hinweis auf die Risikogruppe der Personen mit dem Hauttyp I. Ein Thema, welches bis dahin in Deutschland verhältnismäßig wenig bedacht worden war, war die unbedingte Notwendigkeit, Kinder vor Sonnenbränden zu schützen, um schon frühzeitig das Hautkrebsrisiko zu senken.

Die Erkenntnis, dass Sonnenbrände vor allem im Kindesalter das Melanomrisiko erhöhen, konnte unter anderem im Jahr 1994 von Breitbart, dem Sprecher der Kommission, in der Hamburger Kohortenstudie[93] bestätigt werden. Wegen ihrer Wichtigkeit wurde auf diese Erkenntnis in dieser Broschüre extra hingewiesen.

Abb. 64: Die Abbildung zeigt das Titelblatt der Broschüre, welche im Jahr 1990 unter dem Titel der Kampagne „Achtung, Sonne.“ erschien.

93 AG Dermatologische Prävention, Hamburger Kohortenstudie

Abb. 65: In den Jahren 1991 bis 1992 begleitete die Broschüre „Achtung Sonne. Eine Packungsbeilage für die ganze Familie." das aktuelle Programm der Kommission „Achtung, Sonne."

Die Angst besorgter Eltern, dass durch die empfohlene radikale Vermeidung der direkten Sonnenlichtexposition die Vitamin-D-Produktion nicht ausreiche, konnte sogleich zerstreut werden, da klargestellt wurde, dass aus medizinischer Sicht dafür „schon wenige Minuten indirekte Sonnenstrahlung täglich"[94] genügen. Wie man sein Kind am besten schützt, wurde in Form eines anschaulichen Bildes vermittelt (s. Abb. 66), welches sich dem australischen Vorbild deutlich annähert.

---

94 Kommission zur Früherkennung und Prävention von Hautkrebs, Achtung Sonne. Eine Packungsbeilage für die ganze Familie., S. 11

So schützen Sie Ihr Kind vor der Sonne.

Hände und Gesicht frühestens ab dem ersten Lebensjahr mit Sunblocker oder Zinkoxidsalbe schützen.

Kopfbedeckung: Tuch, Kappe oder Hut. Auf einen ausreichenden Schirm als Gesichts- und Nackenschutz achten.

T-Shirts, Hemden: sonnendicht und nicht zu eng.

Hosen: weit geschnitten und möglichst lang.

Schuhe wie Espadrilles, die dem Fußrücken ausreichend Schutz bieten, keinesfalls Sandalen.

Nutzen Sie den einfachsten Sonnenschutz: Kleidung und Schatten.

Gerade in den ersten 12 Monaten sollten Sie die empfindliche Haut Ihres Kindes nicht unnötig mit Sonnenschutzmitteln belasten. Kleiden Sie es statt dessen sonnengerecht, und nutzen Sie die schwächere Morgen- und Nachmittagssonne für Unternehmungen im Freien.

Lesen Sie die Packungsbeilagen.

Was für die Erwachsenenhaut gut ist, ist für Kinder meist ungeeignet. Achten Sie auf kindgerechte Sonnenschutzmittel. Am besten Cremes und Lotionen ab Lichtschutzfaktor 15, die die Kinderhaut weniger austrocknen als Gele oder Produkte auf Alkoholbasis. Vorsicht bei Babyöl. Das fördert die Lichtempfindlichkeit der Haut.

Pigmentmale.

Die Sonne fördert die Bildung von Muttermalen und Leberflecken. Treten sie vermehrt auf, erhöht sich das Risiko, daß sich eines Tages ein Melanom entwickelt. Alle angeborenen Pigmentmale müssen von einem Arzt untersucht werden.

Abb. 66: Dieses Bild, als Teil der Broschüre „Achtung Sonne. Eine Packungsbeilage für die ganze Familie." veranschaulichte die Regeln für Eltern, wie man sein Kind umfassend vor der Sonne schützt und ergänzte so eingängig die Beschreibungen im Text.

Des Weiteren wurde versucht, gegen das Schönheitsideal der „gesunden braunen Haut" vorzugehen. So fand sich das Statement: „Bräunung ist eine begrenzte Schutzfunktion in der Haut, die immer dann aktiviert wird, wenn sie mit der Sonnenstrahlung fertig werden muss.“[95] in dem Heftchen wieder.

Im Folgenden wurde dann auch noch auf die Benutzung von Solarien eingegangen. Dabei fanden sich Antworten auf folgende Fragen: „Welche Geräte sind besonders gefährlich?“, „Wer sollte auf keinen Fall ins Solarium gehen?“, „Was muss ich vor einem Solariumbesuch beachten?“ und „Wie lassen sich Strahlenschäden vermeiden?“.

Auf einer Seite zusammengefasst stellte die Kommission außerdem 9 Regeln zum richtigen Umgang mit der Sonne vor. Dies waren die bereits bekannten Regeln aus Australien und den USA.

Zum Abschluss komplettierte die Beschreibung der Früherkennungsmöglichkeiten die Aufklärung der Öffentlichkeit hinsichtlich primärer und sekundärer Prävention. Dabei wurde zum einen auf die anschauliche, leicht zu merkende ABCD-Regel gesetzt. Zum anderen wurde der Leser dazu animiert, die Augen offen zu halten und sich regelmäßig auf Hautbildveränderungen zu untersuchen oder im Verdachtsfall von einem Arzt untersuchen zu lassen.

Im Ganzen wurde durch viele passende Bilder zu den jeweiligen Themenkomplexen eine ansprechende Gestaltung erzielt. Die hohe Auflagenzahl und die kostenintensive Gestaltung der Broschüre mit vielen Bildern und in Farbe war natürlich vor allem durch die Unterstützung der oben erwähnten Organisationen möglich.

Im Jahr 1993 wurde die bis ins Jahr 1997 jährlich laufende Kampagne „Kind und Sonne“ gestartet und rückte somit die Prävention der besonders gefährdeten Gruppe der Kleinkinder, die sich nicht aktiv selber schützen kann, in den Blickpunkt. Als Teil dieser Kampagne erstellte die Kommission im Jahr 1993 auch einen Denkzettelblock unter dem Titel „Wir haben was gegen Sonnenbrand: 20 Denkzettel.“ (s. Abb. 67).

---

95 Kommission zur Früherkennung und Prävention von Hautkrebs, Achtung Sonne. Eine Packungsbeilage für die ganze Familie., S. 12

Abb. 67: Im Jahr 2003 kreierte die Kommission zur Früherkennung und Prävention von Hautkrebs im Rahmen der Kampagne „Kind und Sonne“ einen Block mit 20 ansprechend gestalteten Denkzetteln. Darin ging es vor allem um den richtigen Umgang mit der Sonne.

Diese Denkzettel beinhalteten eine Reihe von Verhaltensregeln zum richtigen Umgang und Schutz vor zu hoher UV-Lichtbelastung und waren für jugendliche Leser konzipiert. Als Beispiele sind hier die Empfehlungen für Sonnenbrillen und die Benutzungshinweise für Solarien (s. Abb. 68).

Abb. 68: Diese zwei Beispiele aus dem Block „Wie haben was gegen Sonnenbrand: 20 Denkzettel.“ zeigen beispielhaft das jugendfreundliche Layout. Dabei ging es beim linken Denkzettel um den richtigen Umgang mit Solarien und beim rechten Denkzettel um Tipps für die Wahl der richtigen Sonnenbrille.

Die Aufklärung von Kindern und deren Betreuungspersonen verfolgte die Kommission mit verschiedenen Projekten über all die Jahre bis heute. Insgesamt wurden mit der Zeit durch die Kommission auch in Deutschland die medialen Möglichkeiten, ähnlich wie Jahre zuvor in Australien und in den USA, viel besser genutzt, um einerseits ein größeres Publikum und andererseits die Hauptzielgruppe der Jugendlichen und Kinder besser zu erreichen.

Im Folgenden stelle ich eine Reihe weiterer Kampagnen für Kinder vor. Im Jahr 2001 stieß die Kommission auf der 2. EUROSKIN - Konferenz in Orvieto (Italien), welche unter dem Motto „Children under the Sun" stattfand, die Einteilung der Melanomaufklärung und Prävention in so genannte Lebensphasenprogramme an. Die Erarbeitung der Einteilung der Zielgruppe von 0 bis 18 Jahre wurde zusammen mit der „World Health Organization" (WHO) durchgeführt.

Ab dem Jahr 2002 wurden im Rahmen der Lebensphasenprogramme Kampagnen von der Kommission organisiert. Darunter fielen dann im Jahr 2002 die Kampagne „Die kleinsten tragen das größte Risiko – Der Sonnenratgeber für die Haut ab 0" und im Jahr 2003 die Kindergartenkampagne „Holen Sie ihr Kind aus der Sonne". Bei letzterer begleiteten zwei Clowns die Tour durch deutsche Kindergärten.

Im Jahr 2004 wurden über 17 000 Schulen deutschlandweit mit Unterrichtsmaterialien zum richtigen Umgang mit der Sonne versorgt. Daneben ergänzte die CD „Nobbi und die Sonnenkinder", mit dem Kinderliedermacher Ralf Zuchowski produziert, die Kampagne „Sonnenschutz ist kein Kinderkram".

Ab dem Jahr 2005 arbeitete die Kommission in dem Bestreben, Kinder vor zu hoher Strahlenbelastung zu schützen, auch weiterhin eng mit der European Society of Skin Cancer Prevention (EUROSKIN) zusammen. Gegründet wurde die EUROSKIN im Jahr 1999 auf Anregung der Kommission und der WHO. Die Kampagne „Fit for Sun" aus dem Jahr 2005 basierte vor allem auf dem Projekt „Children under the Sun", welches im Rahmen einer EUROSKIN-Konferenz bei einem WHO-Workshop erarbeitet worden war.

Eine weitere Richtung, in die die Kommission verschiedene Kampagnen und Aktionen startete, war die Aufklärung von Reisenden. So wurden im Jahr 1995 zusammen mit der Reisegesellschaft TUI Flugreisende über die Gefahren der UV-Lichtbelastung informiert. Im Jahr 1997 wurden in einer Flughafenaktion Reisende direkt angesprochen und mit dem Thema Hautkrebs und UV-Lichtbelastung konfrontiert. Im Jahr 2000 erschien schließlich eine Broschüre für Urlauber, „Der kleine Sonnenreiseführer" (s. Abb. 69). Auf zehn Seiten wurden Urlauber über „Sonnenintensität nach Regionen", „Einreisebestimmungen für Sonnenanbeter" (Informationen über Hauttypen und den Lichtschutzfaktor bei Sonnencremes), „Sitten und Gebräuche im Reich der Sonne", „Praktische Tips für den kleinen Sonnenschein" (Sonnenschutz beim Kind) und „Wissenswertes rund um die Sonne" informiert.

Abb. 69: Seit 1995 versuchte die Kommission zur Früherkennung und Prävention von Hautkrebs Reisende über die Gefahren der Sonnenstrahlenbelastung im Urlaub zu informieren. Dafür gestaltete sie im Jahr 2000 die hier abgebildete Broschüre „Der kleine Sonnenreiseführer." Auf zehn Seiten informierte diese Broschüre über verschiedene Gefahren der UV-Lichtbelastung und ihre Vermeidung.

Bis ins Jahr 2008 gestaltete die Kommission zur Früherkennung und Prävention von Hautkrebs mehr als 10 Kampagnen. Die üblichen medialen Möglichkeiten wie Flyer oder Poster wurden natürlich weiterhin genutzt. Ein verhältnismäßig aktuelles Poster aus dem Jahr 2007 zeigt beispielhaft den Wandel in der Gestaltung solcher Poster auf (s. Abb. 70)[96].

Abb. 70: Dieses Poster wurde im Zuge der Kampagne „Schatz, brennst Du?“ von der Kommission für Früherkennung und Prävention von Hautkrebs im Jahr 2007 entwickelt. An diesem Poster wird der Wandel der Melanompräventionsposter deutlich sichtbar. Mit den neuen Gestaltungsmöglichkeiten konnten die Inhalte deutlich ansprechender vermittelt werden.

Den Anteil der Kommission zur Früherkennung und Prävention von Hautkrebs an der Melanomprävention in Deutschland fasse ich hier kurz zusammen.

Die Kommission führt unter der Leitung von Prof. Breitbart die Aufklärungsarbeit bezüglich des Melanoms weiter. Schon in ihren Anfängen leistete und leistet die Kommission bis heute mit ihren vielen Kampagnen und Ideen auf nationaler Ebene den aktuell jeweils größten Beitrag zur öffentlichen Aufklärung in Deutschland.

---

96 http://www.unserehaut.de/adp/service/kampagneninfos/kampagne07.html#; 26.02.10

Im Jahr 2007 brachte Breitbart zusammen mit Uwe Reinhold aus Bonn das Buch „Hautkrebsprävention – Früherkennung und Vorbeugung“ heraus (s. Abb. 71). In diesem knapp 200 Seiten umfassenden Buch ging es um eine Vielzahl von Aspekten rund um die einzelnen Hautkrebsformen, darunter natürlich auch das Melanom. Neben den bereits beschriebenen Kriterien wurde auch auf die Bedeutung neuerer Diagnosemöglichkeiten, zum Beispiel der Computer-Dermatoskopie, für die Prävention und Früherkennung von Hautkrebs eingegangen.

Auf die Prävention von Melanomen bezogen waren vor allem noch zwei weitere Kapitel von großer Relevanz. Diese waren „Prävention von Hautkrebs durch Lichtschutzmittel“ (Benedix F., Berneburg M.) und „Prävention von Hautkrebs durch textilen UV-Schutz“ (Beringer J.).

Insgesamt betrachtet gibt es im deutschsprachigen Raum unseres Wissens derzeit kein anderes aktuelles Werk, das so umfassend auf die verschiedensten Aspekte von Hautkrebs und seine Prävention und Früherkennung eingeht. Dieses Buch bietet sowohl Ärzten als auch interessierten Laien einen Einblick über den aktuellsten medizinischen Stand und Erkrankungszahlen und bietet eine sehr gute Möglichkeit sich umfassend über das Thema zu informieren.

Abb. 71: Dieses Buch ist eines der umfassendsten und aktuellsten Bücher zum Thema Hautkrebsprävention und Melanomprävention. Herausgegeben wurde dieses Buch im Jahr 2007 von Breitbart E. und Reinhold U.

Erfolge der Prävention

Gesetzesänderungen und -neueinführungen

In diesem Kapitel geben wir einen Einblick in das, was die Melanomprävention und ihre Verfechter, vor allem durch den herbei geführten Sinneswandel in der Bevölkerung und bei den Verantwortlichen, erreicht oder angestoßen haben.

Am 15.11.2007 beschloss der gemeinsame Bundesausschuss (G-BA), dass eine standardisierte Hautkrebsvorsorge von den gesetzlichen Krankenkassen (GKV) übernommen werden muss.[97] Dieser Beschluss trat am 01.07.2008, nach Bestätigung des Bundesgesundheitsamtes, in Kraft. Der Antrag, dass das Hautkrebsscreening auf die erforderlichen Kriterien hinsichtlich der Einführung von Früherkennungsuntersuchungen auf Krebserkrankungen nach § 25 Sozialgesetzbuch (SGB) untersucht werden soll, wurde sogar schon am 05.01.2005 von der Kassenärztlichen Bundesvereinigung (KBV) gestellt.[98] Bereits in den Jahren 1999 und 2000 führte die „Kommission zur Früherkennung und Prävention von Hautkrebs" mit der Unterstützung der deutschen Krebshilfe das Projekt „Hautkrebsscreening" durch, um das eigenständige Hautkrebsscreening im Rahmen des gesetzlichen Krebsfrüherkennungsuntersuchungprogramms weiter zu entwickeln.[99]

Die standardisierte Hautkrebsvorsorge sieht wie folgt aus. Ab einem Alter von 35 Jahren übernehmen die Krankenkassen alle 2 Jahre ein Hautkrebs-Screening. Dieses Screening kann dabei neben einem Dermatologen auch von einem Hausarzt durchgeführt werden. Bei einem Verdachtsfall allerdings darf die endgültige Diagnose nur durch einen Hautarzt erfolgen. Dieses 2-Phasen-Verfahren wurde auch im Hinblick auf die Qualitätssicherung nach § 135 Abs. 1 SGB V überprüft.[100] Deutschland ist im Übrigen das erste Land weltweit, welches die Haut-

---

97 http://www.g-ba.de/informationen/aktuell/pressemitteilungen/208/; 19.01.10

98 http://www.g-ba.de/downloads/40-268-580/2008-03-31-Abschluss-Hautkrebsscreening.pdf; 19.01.10

99 Greinert R., Volkmer B., Wende A., Voss S., Breitbart E.W., Prävention von Hautkrebs, S. 1156

100 http://www.g-ba.de/downloads/40-268-580/2008-03-31-Abschluss-Hautkrebsscreening.pdf; 19.01.10

krebsvorsorge derart allumfassend organisiert und als Kassenleistung anbietet.[101]

Dass das Erreichen dieses langjährigen, von den Verantwortlichen in der Hautkrebs- und Melanomprävention angestrebten, Ziels nicht von allen Seiten unterstützt wurde, zeigt auch folgendes Beispiel. Noch im Jahr 2007, am 12. Mai, stellte der Chef der AOK Rheinland-Pfalz, Wolfgang Bockemühl, trotz der bis dahin bekannten Studien in einem Interview im Studio des Südwestdeutschen Rundfunks (SWR) dar, dass seine Krankenkasse den Sinn in einer individuellen Hautkrebsvorsorge nicht sehe und auch weiterhin die Kosten für ärztliche Leistungen in diese Richtung nicht übernehmen werde.[102]

Im Gegensatz dazu stehen jedoch auch positive Beispiele. So haben die Kassenärztliche Vereinigung Niedersachsen (KVN) und der BKK Landesverband Niedersachsen-Bremen bereits einen am 01.01.2007 in Kraft getretenen Rahmenvertrag geschlossen. Dieser besagt, dass für Versicherte dieser Betriebskrankenkassen die Kosten für ein jährliches Hautkrebsscreening übernommen werden.[103]

Ein weiteres positives Beispiel ist die Betriebskrankenkasse BKK MOBIL OIL. Diese hat in Zusammenarbeit mit dem Berufsverband der Deutschen Dermatologen ihren Leistungskatalog erweitert und bietet für alle volljährigen Versicherten eine jährliche Vorsorgeuntersuchung an.[104]

Im September 2009 wurde beschlossen, dass an einer Begründung gearbeitet wird, so dass Hautkrebs in die Berufskrankheitenverordnung (BKV) aufgenommen werden kann. Bis jetzt ist es den Arbeitern, welche täglich den UV-Strahlen der Sonne direkt ausgesetzt sind, nur im Sinne einer Öffnungsklausel (§ 9 Absatz 2 SGB) möglich, Hautkrebs und das maligne Melanom als Berufskrankheit behandeln zu lassen. Ein aktuelles Thema in diesem Bereich sind die Forderungen führender Dermatologen in Deutschland, derart exponierte Arbeiter an ihrem jeweiligen Arbeitsplatz im Sinne einer primären Prävention mit Sonnencreme und passender Arbeitskleidung auszustatten.[105]

---

101 http://www.g-ba.de/informationen/aktuell/pressemitteilungen/208/; 19.01.10

102 http://www.uptoderm.de/jsp_public/cms2/index.jsp?did=335; 19.01.10

103 http://www.uptoderm.de/jsp_public/cms2/index.jsp?did=348; 19.01.10

104 http://www.uptoderm.de/jsp_public/cms2/index.jsp?did=3186; 19.01.10

105 http://www.derma.de/dermade.html?tx_gemninews_pi1[showUid]=134&cHash=4a9cef6c01; 20.01.10

Die aktuellste Gesetzesneueinführung (Stand Dez.2009), welche in Verbindung zur Hautkrebsprävention steht, ist das Verbot für unter 18-jährige ein öffentliches Solarium zu benutzen. Beschlossen wurde dieses Gesetz vom Bundestag am 19.05.2009.[106] In Kraft getreten ist dieses Gesetz am 01.09.2009. Das Gesetz basiert auf Vorgaben der Europäischen Union (EU) und der „World Health Organization" (WHO).

Aktuelle Daten zum Melanom in Deutschland[107,108]

In den Jahren 2003/2004 erkrankten in Deutschland nach Schätzungen des Robert-Koch-Instituts jährlich ca. 14 900 Personen an einem Melanom. Die Inzidenz für Frauen lag dem Bericht zufolge bei 19,4 Neuerkrankungen auf 100 000 Einwohner pro Jahr und für Männer bei 15,7 Neuerkrankungen auf 100 000 Einwohner pro Jahr. Damit machte das Melanom 4,1 % bei Frauen und 2,8 % bei Männern an der Gesamtheit der Krebsneuerkrankungen aus.

Eine Besonderheit des malignen Melanoms ist dessen rasanter Anstieg der Inzidenz über die letzten Jahre. Im Zeitraum von 1970 bis 2000 wurde eine jährliche Steigerungsrate von 13 % festgestellt. Das bedeutete eine Zunahme der Erkrankungsfälle von 3 auf 12 pro 100 000 Einwohner und Jahr. Dabei spiegelt die Steigerungsrate über die letzte Dekade, von 1990 bis 2000 (s. Abb. 72), mit 5 % für Männer und 3,3 % für Frauen die Erwartungen für die Inzidenzsteigerung der kommenden Dekade wieder.

Der Anteil der Todesfälle, welche durch ein Melanom bedingt waren, lag dagegen in den Jahren 2003/2004, auf die Gesamtzahl der Krebstoten bezogen, bei nur 1 %. Das lag vor allem daran, dass sich seit den 1970er Jahren die Inzidenz bis heute zwar mehr als vervierfacht hatte, die Mortalität jedoch seit den 1970er Jahren dank der Früherkennung verhältnismäßig wenig gestiegen ist. Im Zeitraum von 1970 bis 1990 stieg die Mortalität in Deutschland von 1,7 auf 2,6 Fälle pro 100 000 Einwohner und Jahr bei Männern (= 51 % Steigerung) und von 1,4 auf

---

106 http://www.bundestag.de/dokumente/textarchiv/2009/24798858_kw25_umwelt/index.html; 19.01.10

107 Krebs in Deutschland 2003-2004 Häufigkeiten und Trends, RKI und GEKID (Hrsg.), S. 50-53

108 Reinhold U., Breitbart E., Hautkrebsprävention, S. 18-29

1,7 Fälle pro 100 000 Einwohner und Jahr bei Frauen (= 21 % Steigerung) (s. Abb. 73).

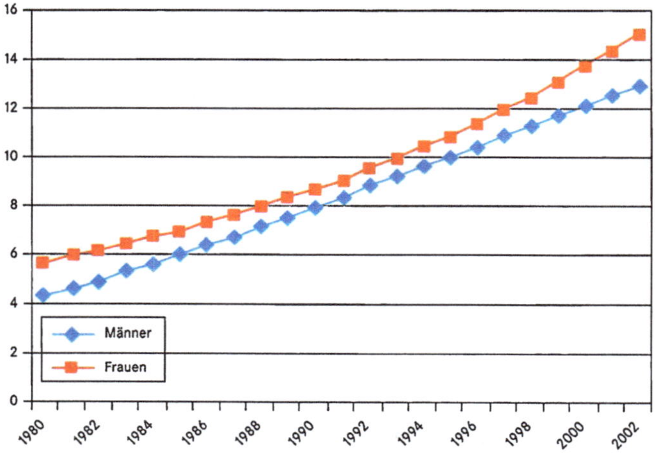

Abb. 72: Die Abbildung aus „Hautkrebsprävention" von Reinhold und Breitbart zeigt die Inzidenz des malignen Melanoms pro 100 000 Einwohner und Jahr in Deutschland über die Jahre 1980 bis 2002 nach Geschlecht aufgeteilt.

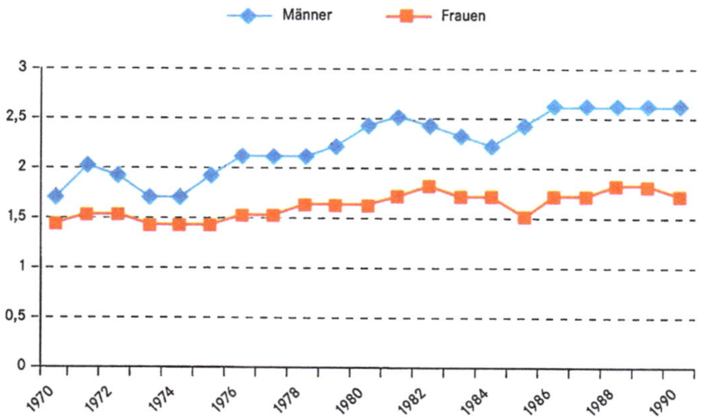

Abb. 73: Die Abbildung aus „Hautkrebsprävention" von Reinhold und Breitbart zeigt die Mortalität des malignen Melanoms pro 100 000 Einwohner und Jahr in Deutschland über die Jahre 1970 bis 1990 nach Geschlecht aufgeteilt.

Seit 1990 hat sich die Mortalitätsrate dagegen kaum verändert (s. Abb. 74).

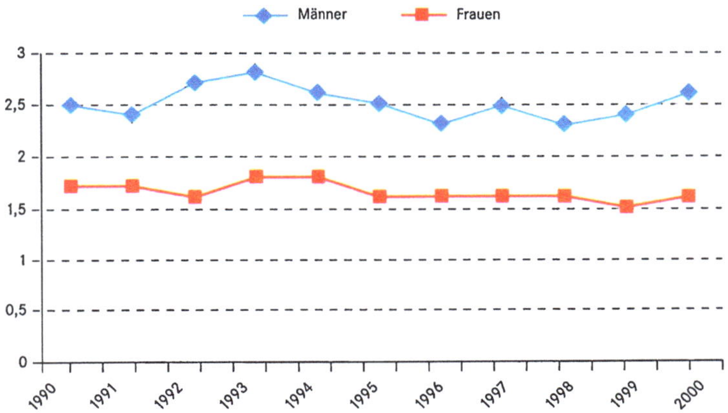

Abb. 74: Diese Abbildung aus „Hautkrebsprävention" von Reinhold und Breitbart zeigt die Mortalität des malignen Melanoms pro 100 000 Einwohner und Jahr in Deutschland über die Jahre 1990 bis 2000 nach Geschlecht aufgeteilt.

Diese Tatsache ist auf die umfassende ärztliche Melanomprävention und die öffentliche Laienaufklärung in Deutschland, wie wir sie oben dargestellt haben, zurückzuführen.

Als wichtiges prognostisches Kriterium ist die Tumordicke des malignen Melanoms zu betrachten.[109,110] Dabei kann man anhand der Zahlen des Zentralregisters feststellen, dass in den 1980er Jahren die durchschnittliche Tumordicke in den alten Bundesländern deutlich abgenommen hat.[111,112,113] Allerdings muss man auch feststellen, dass seit 1990 in

---

109 Balch C. et al., Final version of the American Joint Committee on Cancer staging system for cutaneous melanoma., J. Clin. Oncol., 2001. 19: S. 3635-3648

110 Balch C. et al., Prognostic factors analysis of 17,600 melanoma patients, J. Clin. Oncol., 2001. 19: S. 3622-3634

111 Garbe C., McLeod G., Buettner P., Time trends of cutaneous melanoma in Queensland, Australia and Central Europe, Cancer, 2000, 89: S. 1269-1278

112 Garbe C. et al., The german melanoma registry and environmental risk factors implied, Recent Results Cancer Res., 1993. 128: S. 69-89

dieser Hinsicht keine signifikanten Verbesserungen mehr zu erkennen waren (s. Abb. 75).

Als Folge der zunehmend früheren Diagnostik und rechtzeitiger Behandlung der malignen Melanome errechnete das Zentralregister Malignes Melanom in den Jahren 2003/2004 eine 5-Jahres-Überlebensrate von 88% für weibliche Melanompatienten und von 84% für männliche Melanompatienten.

Das ist ein großartiger Erfolg aller Bemühungen um die Melanomfrüherkennung! Der ehemals „bösartigste Tumor des Menschen" ist zwar noch nicht besiegt, jedoch erfolgreich behandelbar geworden.

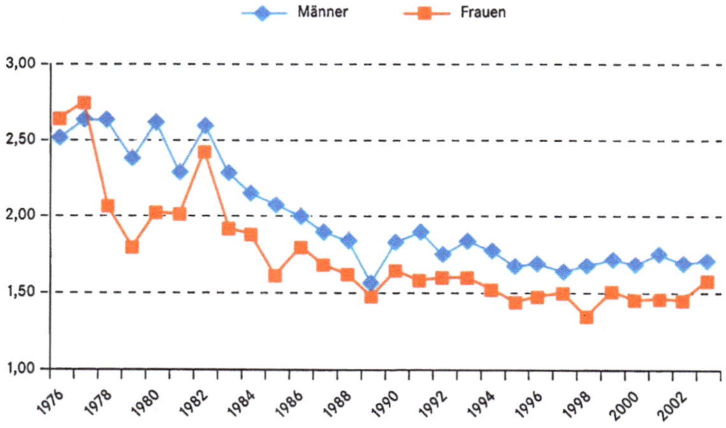

Abb. 75: Diese Abbildung aus „Hautkrebsprävention" von Reinhold und Breitbart zeigt die Entwicklung der durchschnittlichen Tumordicke der primär kutanen Melanome.

---

113 Garbe C., Wiebelt H., Orfanos C., Change of epidemiological characteristics of malignant melanoma during the years 1962-1972 and 1983-1986 in the Federal Republic of Germany, k Dermatologica, 1989. 178: S. 131-135

Literaturverzeichnis

1) *Balch C., Buzaid A., Soong S., Atkins M., Cascinelli N., Coit D., Fleming I., Gershenwald J., Houghton A. Jr., Kirkwood J., McMaster K., Mihm M., Morton D., Reintgen D., Ross M., Sober A., Thompson Ja., Thompson Jf.*, Final version of the American Joint Committee on Cancer Staging system for cutaneous melanoma, J. Clin. Oncol.

2) *Balch C., Soong J., Gershenwald J., Thompson Jf., Reintgen D., Cascinelli N., Urist M., McMasters K., Ross M., Kirkwood J., Atkins M., Thompson Ja., Coit D., Byrd D., Desmond R., Zhang Y., Liu P., Lyman G., Morabito A.*, Prognostic factors analysis of 17,600 melanoma patients: validation of the American Joint Committee on Cancer melanoma staging system., J. Clin. Oncol.

3) *Beardmore G. L.*, The Epidemiology of Malignant Melanoma in Australia, Extract from Melanoma and Skin Cancer, Government Printer, 1972

4) *Beardmore G. L.*, The Queensland Melanoma Project, Dermatol.

5) *Cascinelli N., Cristofolini M., Levene A., MacKie R.*, The Challenge of Clinical Diagnosis of Skin Melanoma, WHO Melanoma Program Publication

6) *Davis N. C.*, Malignant Melanoma in Queensland, Austral. J. Physiotherapie

7) *Davis N. C.*, The Macroscopic Appearance of Malignant Melanoma of the Skin, Med. J. Austral.

8) *Davis N. C., Herron J. J.*, Queensland Melanoma Project: Organization and a plea for comparable surveys., Med. J. Austral.

9) *Davis N. C., Herron J., Mc Leod R.*, The Macroscopic Appearance of Malignant Melanoma of the Skin, Med. J. Austral.

10) *Davis N. C., Mc Leod R., Beardmore G. L., Little J. H., Quinn R. L., Holt J.*, PRIMARY CUTANEOUS MELANOMA. A Report from the Queensland Melanoma Project, American Cancer Society Professional Education Publication, 1976

11) *Evans R., Kopf A., Lew R., Rigel D., Bart R., Friedman R., Rivers J.*, Risk factors for the development of malignant melanoma. Review of case-control studies., J. Dermatol. Surg. Oncol.

12) *Friedman R. J., Rigel D. S., Kopf A. W.*, Early Detection of Malignant Melanoma: The Role of Physician Examination and Self-Examination of the Skin, Ca-A Cancer J. for Clinicians

13) *Fritsch P.*, Dermatologie Venerologie, 2. Auflage, Springer Verlag, Berlin Heidelberg New York, 2004

14) *Garbe C., McLeod G., Buettner P.*, Time trends of cutaneous melanoma in Queensland, Australia and Central Europe, Cancer

15) *Garbe C., Weiss J., Kruger S., Garbe E., Buttner P., Bertz J., Hoffmeister H., Guggenmoos-Holzmann I., Jung E., Orfanos C.*, The German melanoma registry and environmental risk factors implied., Recent Results Cancer Res.

16) *Garbe C., Wiebelt H., Orfanos C.*, Change of epidemiological characteristics of malignant melanoma during the years 1962-1972 and 1983-1986 in the Federal Republic of Germany., Dermatologica 178, 131-135 (1989)

17) *Greinert R., Volkmer B., Wende A., Voss S., Breitbart E. W.*, Prävention von Hautkrebs. Notwendigkeit, Durchführung und Erfolg, Der Hautarzt

18) *Halter H.*, Begrabene Illusionen Erfolge und Scheinerfolge der Medizin (III), Spiegel (1980)

19) *Honigsmann H., Diepgen T.*, UV-induced skin cancers., J. Dtsch. Dermatol. Ges.

20) *Illig L., Paul E., Hundeiker M.*, Differentialdiagnose des malignen Melanoms aufgrund neuerer Erkenntnisse über Melanom und Naevus. Ein Lernprogramm für Ärzte und Nicht-Ärzte, 1.Teil, Tempo Medical 2, 43-49 (1983)

21) *Illig L., Paul E., Hundeiker M.*, Differentialdiagnose des malignen Melanoms aufgrund neuerer Erkenntnisse über Melanom und Naevus. Ein Lernprogramm für Ärzte und Nicht-Ärzte, 2.Teil, Tempo Medical 3, 44-48 (1983)

22) *Illig L., Paul E., Hundeiker M.*, Differentialdiagnose des malignen Melanoms aufgrund neuerer Erkenntnisse über Melanom und Naevus. Ein Lernprogramm für Ärzte und Nicht-Ärzte, 3. Teil, Tempo Medical 4, 21-30 (1983)

23) *Illig L., Paul E., Hundeiker M.*, Differentialdiagnose des malignen Melanoms aufgrund neuerer Erkenntnisse über Melanom und Naevus. Ein Lernprogramm für Ärzte und Nicht-Ärzte, 4.Teil, Tempo Medical 9, 21-27 (1983)

24) *Illig L., Paul E., Hundeiker M.*, Differentialdiagnose des malignen Melanoms aufgrund neuerer Erkenntnisse über Melanom und Naevus. Ein Lernprogramm für Ärzte und Nicht-Ärzte, 5.Teil, Tempo Medical 10, 27-30 (1983)

25) *Illig L., Paul E., Hundeiker M.*, Differentialdiagnose des malignen Melanoms aufgrund neuerer Erkenntnisse über Melanom und Naevus. Ein Lernprogramm für Ärzte und Nicht-Ärzte, 6.Teil, Tempo Medical 11, 17-21 (1983)

26) *Illig L., Paul E., Hundeiker M.*, Differentialdiagnose des malignen Melanoms aufgrund neuerer Erkenntnisse über Melanom und Naevus. Ein Lernprogramm für Ärzte und Nicht-Ärzte, 7. Teil, Tempo Medical 20, 44-49 (1983)

27) *Illig L., Paul E., Hundeiker M., Augst G., Scharfe G.*, "Public and Professional Melanoma Education." Ein deutsches Modell zur Verbesserung der Melanom-Früherkennung bzw. –Erfassung mit publizistischen Methoden auf dem Boden korrigierter Vorstellungen über Melanom und Naevus., Z. Hautkr. 58, 73-112 (1983)

28) Krebs in Deutschland 2003-2004 Häufigkeiten und Trends, 6. überarbeitete Auflage, Robert-Koch-Institut (HRSG.) und die Gesellschaft der epidemiologischen Krebsregister in Deutschland e.V. (Hrsg.), Berlin, 2008

29) *MacKie R. M., Cascinelli N.*, Educational strategies designed to promote primary and secondary prevention of melanoma, Industria Grafica Viappiani, Mailand, 1992

30) *Marks R.*, Skin Cancer Control in the 1990´s from Slip!Slop!Slap! to Sun Smart, Australas. J. Dermatol.

31) *Mc Leod R., Beardmore G. L., Little J. H., Quinn R. L., Davis N. C.*, Results of Treatment of 361 Patients with Malignant Melanoma in Queensland, J. of Austral.

32) *Montague M., Borland R., Sinclair C.*, Slip! Slop! Slap! and SunSmart 1980 to 2000: Skin Cancer Control and 20 Years of Population Based Campaigning., Health Education and Behaviour Volume 28, Number 3, 2001

33) *Nachbar F., Stolz W., Merkle T., Cognetta A., Vogt T., Landthaler M., Bilek P., Braun-Falco O., Plewig G.*, ABCD rule of dermatoscopy. High prospective value in the diagnosis of doubtful melanocytic skin lesions., J. Am. Acad. Dermatol.

34) *Paul E.*, Aktuelle Diskussion – Melanome: zwei Drittel zu spät erkannt., Ärztliche Praxis 37

35) *Paul E.*, Das maligne Melanom: Modellfall für die Krebsfrüherkennung, Fortschr. Med. 106, 14-15 (1988)

36) *Paul E.*, Das maligne Melanom – Modell zur Krebsfrüherkennung, Z. Hautkr. 64, 85-88 (1989)

37) *Paul E.*, Das Melanom – ein idealer Vorsorgetumor, Bayerisches Ärzteblatt 7-8, 400-403 (2004)

38) *Paul E.*, Die Kunst, der Sonne aus dem Weg zu gehen – Einst und heute, Lion/MD 111, 22-27 (1993)

39) *Paul E.*, Entstehung maligner Melanome auf präexistenten Pigmentläsionen. Überprüfung von anamnestischen privaten Photoserien der Patienten., Der Hautarzt 28, 638-647 (1977)

40) *Paul E.*, Growth Dynamics of Malignant Melanoma and Their Relationship to Melanocytic Naevi as Revealed by Photocatamnestical Investigations., Pigment Cell Vol. 9, 59-76 Karger-Basel (1988)

41) *Paul E.*, Growth Dynamics of Malignant Melanomas. A Photodocumentary Investigation., Arch. Derm. 116, 182-185 (1980)

42) *Paul E.*, Hautkrebs durch Sonnenlicht. Möglichkeit zur Vorbeugung bzw. Früherkennung, MNU 47/5, 274-279 (1994)

43) *Paul E.*, Laienaufklärung zur Hautkrebsfrüherkennung in Massensprechstunden, Die Krankenversicherung 44, 99-103 (1992)

44) *Paul E.*, Melanome und Neavuszellnaevi, Neue Erkenntnisse zur Histogenese und Wachstumsdynamik als Vorraussetzung für eine gezielte Melanomvorsorge, Der informierte Arzt, Gazette Medicale 6/3, 18-28 (1985)

45) *Paul E.*, Melanom-Früherkennung: die Überlebenschancen haben sich erheblich verbessert, Jatros-Dermatologie 6, 5-8 (1992)

46) *Paul E.*, Melanom-Vorsorge als gesundheitspolitische Aufgabe anlässlich der Bundestagung der Innungskrankenkassen, Berichtband der IKK „Zeit für dich", 78, 22-23 (1991)

47) *Paul E.*, Photocatamnestic Evidence of Protracted Growth of Initial Melanomas-Chance of Early Recognition., J. Cancer Res. Clin. Oncol. 111, 148 (1986)

48) *Paul E.*, Wachstumsdynamik maligner Melanome. Jahrelange „Anlaufzeit" der Melanome., Fortschr. Med. 107, 97-102 (1989)

49) *Paul E.*, Zur Wachstumsdynamik maligner Melanome, Spiegel der Forschung 2, 26-30 (1988)

50) *Paul E.*, Zur Wachstumsdynamik maligner Melanome der Haut., In: Garbe C., Dummer R., Kaufmann R., Tilgen W. (Hrsgb), Dermatologische Onkologie, Springer-Verlag, Berlin-Heidelberg, 1997

51) *Paul E., Agathos M., Balda B.R. et al.*, Verhalten und Einstellung gegenüber Hautkrebsvorsorge und –früherkennung in Abhängigkeit vom Kenntnisstand – Untersuchungen an Besuchern einer Industriemesse, Gesundheitswesen 54, 325-330 (1992)

52) *Paul E., Schötterl K. D., Henkelmann A., Bödecker R.-H.*, Growth dynamics of malignant melanoma., J. Cancer Res. Clin. Oncol. 114(Suppl.) 29 (1988)

53) *Polsky D., Cordon-Cardo C.*, Oncogenes in melanoma, 3087-3091

54) *Prevention Department of the New Mexico Cancer Control Program*, Proceedings of the New Mexico Melanoma Project, Organizational Meeting, University of New Mexico, Albuquerque (New Mexico), 1977

55) *Rassner G.*, Dermatologie, 9. Auflage, Elsevier GmbH, München, 2009

56) *Rauh M., Paul E., Illig L.*, Incidence of Malignant Melanoma in Central Hesse , Germany., Anticancer Research 7, 447-448 (1987)

57) *Reinhold U., Breitbart E.*, Hautkrebsprävention - Früherkennung und Vorbeugung, Schlütersche Verlagsgesellschaft mbH & Co. KG, Hannover, 2007

58) *Schötterl H.-D., Paul E.*, Untersuchungen zur Wachstumsdynamik maligner Melanome. Bestimmungen der Tumorverdoppelungszeiten aufgrund morphometrischer Messungen an Röntgenaufnahmen von Lungenmetastasen., Z. Hautkr. 63, 481-487 (1988)

59) *Schötterl H.-D., Paul E.*, Untersuchung zur Wachstumsdynamik und Histogenese maligner Melanome aufgrund anamnestischer Angaben., Z. Hautkr. 63, 488-493 (1988)

60) *Smith T.*, The Queensland Melanoma Project – an exercise in health education, Brit. Med. J.

61) *Stolz W., Riemann A., Cognetta A., Pillet L., Abmayr W., Hölzel D., Bilek P., Braun-Falco O., Landthaler M.*, ABCD rule of dermatoscopy: a new practical method for early recognition of malignant melanoma., Eur. J. Dermatol.

62) *Strahlenschutzkommission des Bundesministeriums für Umwelt (Hrsg.)*, Naturschutz und Reaktorsicherheit, Heft 19, Ultraviolette Strahlung und malignes Melanom, 1998

63) *Tolen A.*, Auswanderung – Exil oder neue Heimat, Merian

Anhang

Vorträge und Aufklärungsaktionen von Prof. Dr. E. Paul

1) Paul E., Zur Histogenese der malignen Melanome., Seminar der Sektion „Pathologie“, Frankfurt am Main, 25.06.1977
2) Illig L., Paul E., Diagnostik und Therapie der malignen Melanome., Fortbildungsabend für Dermatologen, Karlsruhe, 15.02.1978
3) Illig L., Hundeiker M., Paul E., Naevoide Lentigo, Differential-Diagnose zum malignen Melanom., Tagung des Berufsverbandes der Deutschen Dermatologen e.V., Bezirksstelle Südbaden, Freiburg (Brsg.), 29.07.1978
4) Paul E., Das maligne Melanom: Diagnose – Therapie – Prognose. Faustregeln für die Praxis., Vortrag anlässlich einer Sitzung der Kassenärztlichen Vereinigung Hessen, Kreisstelle Gießen Stadt und Land, Gießen/Schiffenberg, 08.10.1980
5) Illig L., Paul E., Verbesserte Früherkennung maligner Melanome durch gezielte Laienaufklärung auf der Basis neuerer Erkenntnisse zu ihrer Zytogenese., 112. Tagung der Vereinigung Rheinisch-Westfälischer Dermatologen, Köln, 26.-28.03.1982
6) Paul E., Dynamics in Melanoma and Nevocellular Nevi., XII th Pigment Cell Conference, Gießen, 19.-23.09.1983
7) Paul E., Ungewöhnliche Wachstumsdynamik bei malignen Melanomen, 113. Tagung der Südwestdeutschen Dermatologen., Frankfurt, 22.-23.10.1983
8) Paul E., Noli me tangere? Korrektur eines verhängnisvollen Irrtums der Medizin. Moderne Aspekte des Naevus-Melanom-Problems., Seminar der Sektion „Haut- und Geschlechtskrankheiten“ (Landesärztekammer Hessen), Bad Nauheim, 05.11.1983
9) Paul E., Naevuszellnaevi und maligne Melanome. „Noli me tangere?“ – Korrektur eines verhängnisvollen Irrtums der Medizin., Schunk-Preis-Verleihung, Gießen, 13.12.1983
10) Paul E., Pigmentnaevi: Vorstufen maligner Melanome?, Therapiekongress, Karlsruhe, 01.-07.09.1984
11) Paul E., Protracted Growth of Initial Melanomas – Chance of Early Recognition., V th European Workshop on Melanin Pigmentation., Marseille, 10.-13.09.1984
12) Paul E., Neuere Erkenntnisse über die Wachstumsdynamik der Melanome und ihre Bedeutung für die Früherkennung., Nachmittagssymposium des Tumorzentrums Marburg-Gießen, Gießen, 05.10.1984

13) Paul E., Das Märchen vom Muttermal, das durch „Daran Rühren“ zum schwarzen Krebs wurde. Überlegungen zur Wachstumsdynamik von malignen Melanomen., Sitzung des Kneipp-Vereins Grünberg, Grünberg, 02.11.1984

14) Paul E., Photodocumentation of Malignant Melanoma. Melanoma Seminar, Presbytarian Hospital Center, University of New Mexico (USA), Albuquerque, 20.03.1985

15) Paul E., Growth Dynamics of Malignant Melanoma as Revealed by Photodocumentation, Special Research Seminar, Department of Pathology, University of California, Los Angeles, 05.04.1985

16) Paul E., The Histogenic Relationships Between Melanocytic Nevi and Melanoma, Department of Dermatology Harvard Medical School, Boston, Massachusetts, 11.04.1985

17) Paul E., Growth Dynamic of Superficial Spreading Melanoma, Contribution to Workshop of Dr. Fitzpatrick “Pigmented Lesion Clinic”, First International Conference on Skin Melanoma, Venedig, 06.-09.05.1985

18) Paul E., Histogenic Relationship of Malignant Melanoma and Nevocellular Nevi, First International Conference on Skin Melanoma, Venedig, 06.-09.05.1985

19) Paul E., Problem of Melanomas on Common Naevi, Scientifical Meeting: “Malignant Melanoma in Children”, Warschau, 17.10.1985

20) Paul E., Melanome und Melanom-Precursors aus klinischer und mikromorphologischer Sicht, Vortrag im Rahmen der Vorbereitung der Besetzung der Professur C 3 für Dermatologische Mikromorphologie, Zentrum für Dermatologie und Andrologie, Hautklinik Gießen, 12.11.1985

21) Paul E., Zur Epidemiologie des Melanoms im Raum Hessen, 5. Fortbildungsveranstaltung „Diagnostik und Therapie im Kopf-Hals-Bereich“, Fulda, 23.11.1985

22) Paul E., Malignes Melanom – Noli me tangere, Dermatologische Fortbildungsveranstaltung des Ärztevereins Bad Pyrmont, Bad Pyrmont, 13.03.1986

23) Paul E., Melanome – nur nicht daran rühren? Aktueller Stand der Melanomdiagnostik und Therapie, Fortbildungsveranstaltung des Interessenkreises für Medizinische Fortbildung an der Lehranstalt für MTA in Gießen, Gießen, 13.08.1986

24) Paul E., The Malignant Potential of “Small“ Congenital Nevi, VII. International Congress of Dermatologic Surgery, London, 22.09.1986

25) Paul E., Rauh M., Zur Epidemiologie des malignen Melanoms im Einzugsbereich der Universitäts-Hautklinik – „Frühdiagnose, Staging und stadiengerechte Therapie beim malignen Melanom“, 3. Hornheider Symposium, Münster-Handorf, 08.11.1986

26) Paul E., Probleme der Beziehung von Melanom und Naevus, A MAGYAR DERMATOL´OGIAU T´ARSULAT, TISZ´ANT´ULI SZAKCSOPORTJ´ANAK, Debrecen, 10.04.1987

27) Paul E., Beziehungen zwischen Melanom und Naevus. Ihre Relevanz für die Melanomfrüherkennung, Fortbildungsveranstaltung der Deutschen Gesellschaft für Wehrmedizin und Wehrpharmazie e.V. (Vereinigung Deutscher Sanitätsoffiziere) Gruppe Nordschwarzwald, Wildbad, 24.06.1987

28) Paul E., Relationship between Melanoma and Naevus. The Possible Sources of Misinterpretation, VII. International Congress of Dermatology Surgery, Barcelona, 11.10.1987

29) Kleiner H., Paul E., Subunguale Melanome. Untersuchungen anhand von 42 Fällen aus dem Krankengut der Universitäts-Hautklinik Gießen, 117. Tagung der Vereinigung Südwestdeutscher Dermatologen, Marburg, 07.11.1987

30) Paul E., Malignes Melanom - Noli me tangere, Ärztliche Fortbildungsveranstaltung des Ärztevereins Hanau Stadt und Land e.V., Hanau-Wilhelmsbad, 10.11.1987

31) Paul E., Zur Wachstumsdynamik maligner Melanome, Antrittsvorlesung im Rahmen der Promotionsfeier der Medizinischen Fakultät der Justus-Liebig-Universität Gießen, Gießen, 04.12.1987

32) Paul E., Schötterl K.-D., Henkelmann A., Bödeker R.-H., Wachstumsdynamik maligner Melanome, 19. Deutscher Krebskongress, Frankfurt, 28.02.-05.03.1988

33) Paul E., Muttermale – Stolpersteine auf dem Weg zur Früherkennung des „Schwarzen Hautkrebses“, Vortrag auf Einladung der „Old Tablers 94 Gießen“, Gießen, 11.03.1988

34) Paul E., Muttermale und Schwarzer Hautkrebs. Ihre Rolle für die Früherkennung, Vortrag zur Laienaufklärung an der Käthe-Kollwitz-Schule Wetzlar, Wetzlar, 14.03.1988

35) Paul E., Wachstumsdynamik maligner Melanome, 35. Tagung der Deutschen Dermatologischen Gesellschaft, München, 27.04.-01.05.1988

36) Paul E., Schwarzer Krebs – wie bösartig ist er wirklich?, KKH-Informationsveranstaltung, Gießen, 28.06.1988

37) Paul E., Modern Diagnostic Procedures in Malignant Melanoma, IX International Congress of Dermatologic Surgery, Edinburgh (Scotland), 25.-28.09.1988

38) Paul E., Das maligne Melanom – vom "Noli me tangere" zum idealen „Früherkennungstumor“, Vortragsveranstaltung der Hautklinik Münster im Rahmen der Wiederbesetzung der Stelle C 4, Dermatologie (Nachfolge Prof. Macher), Münster, 17.10.1988

39) Paul E., Das maligne Melanom – Modellfall zur Früherkennung, 118. Tagung der Vereinigung Südwestdeutscher Dermatologen, Nürnberg, 21.-23.10.1988

40) Paul E., Das Märchen vom Muttermal, das durch „daran rühren" zum Melanom wurde, Hautklinik Gießen, Gießen, 12.12.1988

41) Paul E., „Hautkrebs – Nur Früherkennung verspricht auch Heilung", Laienvortrag auf Einladung des Kirchhainer Künstlerkreises, Kirchhain, 11.01.1989

42) Paul E., „Hautkrebs – Früherkennung und Vorbeugung – was jeder selber tun kann", Tagung des Landfrauen-Verbandes Arnshain, Arnshain, 01.04.1989

43) Paul E., Das maligne Melanom der Haut – Epidemiologie, Klinik, Differentialdiagnose, Fortbildungsveranstaltung Ärztlicher Kreisverband, Nürnberg, 10.05.1989

44) Paul E., Das maligne Melanom – Möglichkeiten und Grenzen der Diagnostik, Fortbildungsvortrag vor den Mittelfränkischen Dermatologen an der Hautklinik des Klinikums der Stadt Nürnberg, Nürnberg, 31.05.1989

45) Paul E., Hautkrebs: Vorbeugung und Vorsorge – was jeder dazu beitragen kann, Öffentlicher Vortrag im Heilig-Geist-Saal im Rahmen des Gesundheitsstudios Nürnberg, Nürnberg, 06.06.1989

46) Paul E., Die Überwindung traditioneller Vorstellungen durch die moderne Medizin am Beispiel des Schwarzen Hautkrebses, Vortragsveranstaltung „Lions Club", Gießen, 14.06.1989

47) Paul E., Problematik der klinischen und histologischen Einordnung von Frühformen maligner Melanome, Vereinigung operative Dermatologie Hamburg, Hamburg, 15.-17.-09.1989

48) Paul E., Vorbeugung und Vorsorge des Schwarzen Hautkrebses – eine Aufgabe, die uns alle angeht, Fortbildungsveranstaltung, Ärztekreis Schlüchtern, 04.10.1989

49) Paul E., Vorsorge und Früherkennung des Schwarzen Hautkrebses, Vortragsveranstaltung des Gesundheitsreferates der Stadt Regensburg, Regensburg, 11.10.1989

50) Paul E., The importance of the growth dynamics of malignant melanoma for effective early detection, 2nd International Conference of Melanoma, Venedig, 16.-19.-10.1989

51) Paul E., Melanom-Diagnostik durch Auflicht-Mikroskopie im sichtbaren Licht und im Fluoreszenzlicht, 119. Tagung Vereinigung Rheinisch-Westfälischer Dermatologen, Wuppertal, 27.-29.10.1989

52) Paul E., Hautkrebs: Heilung durch Früherkennung, Vortragsveranstaltung der DAK, Weißenburg, 28.11.1989

53) Paul E., Diagnostik und Therapie des malignen Melanoms, IV. Dermatologisches Forum – Neues in Diagnostik und Therapie, Dortmund, 01.-03.12.1989

54) Paul E., Früherkennung von Melanomen, 39. Röntgenabend des Radiologischen Zentrums am Klinikum Nürnberg, Nürnberg, 11.12.1989

55) Paul E., Früherkennung des Schwarzen Hautkrebses – Notwendigkeit – Methoden – Erfolge.“, Fortbildungsveranstaltung am Klinikum der Stadt Nürnberg, Nürnberg, 17.01.1990

56) Paul E., Schwarzer Krebs – Vorbeugung und Früherkennung, Frauen-Union Büchenbach (Mfr.), 24.01.1990

57) Paul E., Hautkrebs: Heilung durch Früherkennung, Veranstaltungsreihe der Deutschen Angestellten Krankenkasse, Rot-Kreuz-Haus Fürth, 03.04.1990

58) Paul E., Maligne Hautveränderungen unter besonderer Berücksichtigung des Melanoms, Fortbildung des Bayerischen Apothekenvereins und des Ärztlichen Kreisverbandes in Traunstein, Ising am Chiemsee, 24.04.1990

59) Paul E., Hautkrebs: Heilung durch Früherkennung, Mitgliedsveranstaltung der DAK, Neumarkt i. d. Opf., 28.05.1990

60) Paul E., Das maligne Melanom, Fortbildungsveranstaltung der Allergie- und Hautklinik Norderney, Norderney, 20.06.1990

61) Paul E., Die Wachstumsdynamik maligner Melanome – eine Chance für die Früherkennung., Fortbildungsseminar der Klinik und Poliklinik für Hautkrankheiten der Friedrich-Schiller-Universität Jena, Jena, 22.06.1990

62) Paul E., Die Sonne als Freund und Feind, Gesundheitsstudio Nürnberg im Heilig-Geist-Saal, Nürnberg, 12.07.1990

63) Paul E., Licht und Haut, Fortbildungsveranstaltung der Abteilung für Physikalische Medizin am Klinikum Nürnberg, Nürnberg, 02.08.1990

64) Paul E., Licht und Haut, Fortbildungsveranstaltung der Abteilung für Physikalische Therapie, Klinikum Nürnberg, 02.08.1990

65) Paul E., Hautkrebs –Prävention und –Früherkennung am Beispiel des malignen Melanoms, Bundestagung der IKK, Hotel Intercontinental , Berlin, 07.-09.11.1990

66) Paul E., Das Melanom – der ideale Vorsorge-Tumor, anlässlich des CILAG-Symposiums, Meistersingerhalle Nürnberg, 14.-15.12.1990

67) Paul E., Prävention, Früherkennung und Nachsorge beim malignen Melanom der Haut, Fortbildungsveranstaltung des Ferdinand-Sauerbruch-Klinikums, Wuppertal-Elberfeld, 06.02.1991

68) Paul E., Das maligne Melanom der Haut – ein idealer Vorsorgetumor, Fortbildungsveranstaltung des Ärztlichen Kreisverbandes Memmingen, Memmingen, 17.02.1991

69) Paul E., Wirkung Sonne und Hautkrebs – unvermeidbare Risiken der Arbeit?, Versammlung des Landfrauenvereins Schwalmtal-Storndorf, SchwalmtalStorndorf, 14.04.1991

70) Paul E., Möller R., Congenital nevomelanocytic nevus and cutaneous melanoma, Fiatal Vöryogyaszok Foruma Kecskemet (Ungarn), 17.-26.04.1991

71) Paul E., Wachstumsdynamik des malignen Melanoms, Fortbildungsveranstaltung der Dermatologischen Universitätsklinik Erlangen, Erlangen, 12.06.1991

72) Paul E., Sonnenlicht und Hauterkrankungen, Veranstaltung des Arbeitskreises Gesundheit am BBZ vor Schülerinnen und Schülern der medizinischen Fachbereiche der Berufl. Schulen im Berufsschulzentrum Nürnberg, täglich vom 01.-05.07.1991

73) Paul E., Möglichkeiten der Früherkennung und Behandlung von Hautkrebs, 6. Fachkongress d. Arbeitskreises Medizin. Assistenzberufe der BRK-Sanitätskolonnen Seminar „C", Garmisch Partenkirchen, 07.09.1991

74) Paul E., Prävention von Hautkrebs, Lichteinwirkung auf die Haut und Allergien, Diskussion anlässlich des „Familientages" des Deutschen Gesundheitsplan e.V. unter der Leitung von Holbe R. und Inzinger M., Talkrunde zusammen mit Prof. Seiler und Prof. Baenkler der Universität Erlangen, Regensburg, 06.10.1991

75) Paul E., Lichtschädigung und Hautkrebs – Möglichkeiten der Vorbeugung und Früherkennung", Vortrag vor Lehrkräften des Pädagogischen Instituts d. Stadt Nürnberg im Rahmen des „Gesundheitsstudios" des Gesundheitsamtes Nürnberg, Nürnberg, 15.10.1991

76) Paul E., „Prävention als Bestandteil der Gesundheitspolitik", Clubabend des LIONS-Clubs Nürnberg e.V., Nürnberg, 18.02.1992

77) Paul E., Die Wachstumsdynamik der malignen Melanome: Chancen für die Früherkennung, Deutscher Krebskongress zum Thema Melanom, Berlin, 16.-20.03.1992

78) Paul E., Biologisches Verhalten des malignen Melanoms als Voraussetzung für eine effektive Früherkennung, Deutscher Krebskongress zum Thema Prävention von Hautkrebs, Berlin, 16.-20.03.1992

79) Paul E., Sonne und Hautkrebs – Tipps zum richtigen Umgang mit der Sonne und zur Krebsfrüherkennung, Zusammenkunft von Polizeibeamten der bayerischen Bereitschaftspolizei, Nürnberg, 01.04.1992

80) Paul E., Prävention beim Melanom - Wachstumsdynamik des Tumors bietet ideale Vorraussetzungen, Fortbildungsveranstaltung der Hautklinik Heilbronn, Heilbronn, 08.05.1992

81) Paul E., Hautkrebsvorsorge und –früherkennung, Versammlung vor Betriebsangehörigen der Oberpostdirektion Nürnberg, Nürnberg, 18.05.1992

82) Paul E., Sonnenbaden – aber richtig!, Ammerndorf (Mfr.), 19.05.1992

83) Paul E., Melanoma on Congenital Nevi, 18th World Congress Dermatology, New York, 10.-15.06.1992

84) Paul E., Das maligne Melanom – der ideale Vorsorgetumor, Fortbildungsveranstaltung des Klinikums München-Schwabing, München, 24.06.1992

85) Paul E., Vorbeugung und Früherkennung von Hautkrebs – Wege zur Selbstinspektion, Aufklärungsaktion mit der „Deutschen Krebshilfe", der „Kommission zur Früherkennung von Hautkrebs" und des „Deutschen Gesundheitsplans", Nürnberg, 07.07.1992

86) Paul E., Die Sonne – Gefahr für die Haut bei der Arbeit im Freien?, Aufklärungsaktion für Laien, Heideck, 11.11.1992

87) Paul E., Wachstumsdynamik der verschiedenen Melanomsubtypen und das diagnostische Fenster zur Früherkennung, 2. Jahrestagung der Arbeitsgemeinschaft Dermatologische Onkologie (ADO) am Universitätsklinikum Hamburg-Eppendorf, Hamburg, 21.-22.11.1992

88) Paul E., Malignes Melanom, Fortbildungsveranstaltung des Ärztevereins Herzogenaurach, Herzogenaurach, 03.03.1993

89) Paul E., Die chronische Lichtschädigung der Haut – Vorsorge sollte bereits im Kindesalter beginnen, Fortbildungsveranstaltung der Gesellschaft Fränkisch-Oberpfälzer Kinderärzte e.V. zusammen mit dem Verein Mittelfränkischer Dermatologen, Nürnberg, 17.03.1993

90) Paul E., Sonnenbaden – Nutzen und Schaden – Sonnenlichtexposition, Hautalterung und Hautkrebs, Zusatzveranstaltung des Pädagogischen Instituts Nürnberg, Nürnberg, 11.05.1993

91) Paul E., Ozonloch – wie gefährdet ist unsere Gesundheit?, Laienveranstaltung FKAB Pfarrgemeinde St. Michael Nürnberg, Nürnberg, 13.05.1993

92) Paul E., Wenn die Sonne zum Feind wird – Lichtdermatosen – Hautkrankheiten mit Zukunft?", Fortbildungsveranstaltung des Ärztlichen Kreisverbandes Nürnberg, Nürnberg, 26.05.1983

93) Paul E., Achtung Sonne, Informationsveranstaltung des „Deutschen Gesundheitplans e.V.", Deggendorf (Bayer. Wald), 23.06.1993

94) Paul E., Die Schattenseiten des Sonnenlichts, Vortrag vor Mitgliedern der Ev.-Luth. Kirchengemeinde Treuchtlingen, Treuchtlingen, 29.06.1993

95) Paul E., Achtung Sonne – Über den richtigen Umgang mit dem Sonnenlicht, Aufklärungsaktion „Gesund durch den Sommer" zusammen mit dem „Gesundheitsstudio Nürnberg", Aula des Scharrer-Gymnasiums Nürnberg, 12.07.1993

96) Paul E., Die Schattenseiten des Sonnenlichtes – wie schütze ich meine Haut?, Vortrags-Veranstaltung der Barmer Ersatzkasse Nürnberg, Norissaal Nürnberg, 19.07.1993

97) Paul E., Hautalterung und schwarzer Hautkrebs, III. Interdisziplinärer Seminar- u. Prakt.- Kongress der „Deutschen Akademie für medizinische Fortbildung" und „Umweltmedizin" in Zusammenarbeit mit der „Bundesärztekammer" und „Österreichischen Landesärztekammer", Meran, 08.09.1993

98) Paul E., Hautalterung und Hautkrebs – Schattenseiten des Sonnenlichts, Lions Club Nürnberg-Noris, Nürnberg, 27.04.1994

99) Paul E., Früherkennung – die beste Form der Therapie, Fortbildungsveranstaltung des Ärztekreises Rudolstadt-Thüringen, Rudolstadt, 06.07.1994

100) Paul E., Urlaubszeit – Erholung auch für die Haut?, Fortbildungsveranstaltung der Barmer Ersatzkasse, Nürnberg, 13.07.1994

101) Paul E., Der richtige Umgang mit dem Sonnenlicht, Vortrag anlässlich einer pädagogischen Konferenz der Staatlichen Realschule Lauf/Pegnitz, Lauf 05.12.1994

102) Paul E., Licht und Haut, Berufsverband der Arzthelferinnen Nürnberg, Nürnberg, 22.03.1995

103) Paul E., Die Schattenseiten des Sonnenlichtes, öffentlicher Vortrag für das „Gesundheitsstudio Nürnberg", Nürnberg, 09.05.1995

104) Paul E., Die Schattenseiten des Sonnenlichtes, Vortrag vor Lehrern und Schülern, Nürnberg, 30.05.1995

105) Paul E., Die Schattenseiten des Sonnenlichtes, SPD-Kalchreuth, Kalchreuth, 27.06.1995

106) Paul E., Die Schattenseiten des Sonnenlichtes, Vortrag vor Eltern und Kindergärtnerinnen, Lebenshilfe, Integrativer Kindergarten, Nürnberg, 10.07.1995

107) Paul E., Lichthaut als Melanomrisiko, Fortbildungsveranstaltung des Ärztlichen Kreisverbandes Fürth, Fürth, 25.10.1995

108) Paul E., Das maligne Melanom, Fortbildungsveranstaltung des „Hartmannbund Bayern", Kreisverein Amberg, Amberg, 26.10.1995

109) Paul E., Wachstumsdynamik maligner Melanome. Das „diagnostische Fenster" zur Früherkennung ist weit offen, Intern. Symposium „Malignes Melanom – Aktueller Stand von Diagnose und Therapie", Erlangen, 26.01.1996

110) Paul E., Hautalterung und Hautkrebs: Die Schattenseiten des Sonnenlichtes, I. Interdisziplinäres Seminar- und Praktikum- Kongress, Lindau, 03.-05.04.1996

111) Paul E., Die Haut vergisst nichts, Vortragsveranstaltung der Städtischen Wirtschaftsschule, Nürnberg, 23.04.1996

112) Paul E., Die Schattenseiten des Sonnenlichtes, Volkshochschule Ingolstadt, Umweltakademie Ingolstadt, 23.04.1996

113) Paul E., Die Haut vergisst nichts, Vortragsveranstaltung der Städtischen Wirtschaftsschule Nürnberg, Nürnberg, 24.04.1996

114) Paul E., Die Schattenseiten des Sonnenlichtes, Vortrag vor ehrenamtlichen Sanitätern des Bayerischen Roten Kreuzes, Nürnberg, 12.06.1996

115) Paul E., Die Schattenseiten des Sonnenlichtes, Vortrag an der privaten Berufsfachschule für pharmazeutisch-technische Assistenten, Nürnberg, 02.07.1996

116) Paul E., Fortschritt in Diagnostik und Therapie maligner Melanome, Qualitätszirkel „Höfleser Kreis“, Nürnberg, 03.07.1996

117) Paul E., Malignes Melanom – Früherkennung, Fortbildungsveranstaltung des Ärztlichen Kreisverbandes Schorndorf,Haghof, 13.09.1996

118) Paul E., Die Schattenseiten des Sonnenlichtes – Vorbeugung und Früherkennung von Hautkrebs, Vortrag vor Offizieren des Materialamtes des Heeres Bad Neuenahr, Bad Neuenahr, 23.09.1996

119) Paul E., Die Schattenseiten des Sonnenlichtes, Vortrag im Rahmen der 10. Nördlinger Umweltschutzwoche, Nördlingen 10.01.1996

120) Paul E., Heute krebsrot – morgen krebstot?. Die Gefahren des Sonnenlichtes, Vortrag Consumenta, Nürnberg, 26.10.1996

121) Paul E., Licht und Haut, Vortrag Rotary-Club Nürnberg, Nürnberg, 22.06.1998

122) Paul E., Licht und Haut – die Schattenseiten des Sonnenlichtes, Vortrag Rotary-Club Nürnberg Land, Lauf, 28.09.1998

123) Paul E., Licht und Haut – Die Schattenseiten des Sonnenbadens, SOROPTIMIST-International, Nürnberg, 24.11.1998

124) Paul E., Die Schattenseiten des Sonnenlichts, „Gesundheitstag“ der Postdirektion Nürnberg, Nürnberg, 18.03.1999

125) Paul E., Die Schattenseiten des Sonnenlichts, Vortrag für den Lions-Club Lichtenfels, Lichtenfels, 10.05.1999

126) Paul E., Die Schattenseiten des Sonnenlichts – über den richtigen Umgang mit dem Sonnenlicht, Vortrag im Hörsaal der Frauenklinik des Klinikums Nord Nürnberg, 23.07.1999

127) Paul E., Diagnose und Differentialdiagnose des Melanoms in der Dermatoskopie, Fortbildungsveranstaltung Verein Mittelfränkischer Dermatologen e.V., Nürnberg, 24.07.1999

128) Paul E., Die Schattenseiten des Sonnenlichts, Hautalterung und Hautkrebs, Vortrag für das Volksbildungswerk Treuchtlingen e.V., Treuchtlingen, 26.10.1999

129) Paul E., Ozonloch – Zunahme des Hautkrebses, Prävention a) allgemein b) speziell beim Wintersport, Internat. Gesellschaft für Präventivmedizin e.V., Lam, 21.01.2000

130) Paul E., Licht und Haut – Der richtige Umgang mit dem Sonnenlicht, Vortrag Bildungswerk des Bayerischen Bauernverbandes, Fürth, 14.02.2000

131) Paul E., Licht und Haut – die Schattenseiten des Sonnenlichtes, Vortrag vor Mitgliedern des Lions-Clubs Trimburg Saaletal, Trimburg/Saaletal, 10.03.2000

132) Paul E., Die Schattenseiten des Sonnenlichtes, Vortrag vor Mitgliedern des Lions-Clubs Nürnberg-Noris, Nürnberg, 11.05.2000

133) Paul E., Götz G., Melanom-Epidemiologie mittels Kohorten-Studien, 2.Tagung der Region Südost, Deutsche Dermatologische Akademie, Nürnberg, 24.11.2000

134) Paul E., Wieviel Sonne verträgt unsere Haut, Vortrag vor Mitgliedern des Lions-Clubs Lauf, Lauf, 06.02.2001

135) Paul E., Das maligne Melanom, Fortbildungsveranstaltung des Ärztlichen Kreisverbandes Nürnberg, Nürnberg, 14.03.2001

136) Paul E., Malignes Melanom – Aktuelle Aspekte der Diagnostik und der Therapie, Berufsverband Deutscher Pathologen e.V. – Landesverbände Nord- und Südbayern, in Zusammenarbeit mit der Bayerischen Landesärztekammer, Ingolstadt, 31.01.2001

137) Paul E., Wieviel Licht verträgt die Haut? Sonnenlicht führt zu Hautalterung und Hautkrebs. Wie kann man sich schützen, wie den Hautkrebs rechtzeitig erkennen?, Seminar für Patienten und Betroffene, Hautklinik Nürnberg, 04.07.2001

138) Paul E., Licht und Haut – Vitamine und Haut, Öffentliche Informationsveranstaltung anlässlich der Consumenta 2001, Nürnberg, 31.10.2001

139) Paul E., Sonne und Haut, Vortrag Freizeit-, Garten- u. Touristik-Schau, Nürnberg, 28.02.2002

140) Paul E., Licht und Haut, Melanom-Früherkennung, Vortrag auf Einladung vonFrau Trautenberg, Nürnberg, 22.04.2002

141) Paul E., Wieviel Sonnenlicht verträgt die Haut?, Gesundheitsmesse 2002, Frankenhalle Nürnberg, 03.05.2002

142) Paul E., Mit heiler Haut davon kommen... - Vorbeugung und Früherkennung von Hautkrebs, Vortrag vor Mitarbeitern der Firma Schwan-Stabilo, Heroldsberg, 17.06.2002

143) Paul E., Mit heiler Haut davon kommen... - Vorbeugung und Früherkennung von Hautkrebs, Vortrag vor Mitarbeitern der Firma Schwan-Stabilo, Weißenburg, 24.06.2002

144) Paul E., Mit heiler Haut davon kommen... - Vorbeugung und Früherkennung von Hautkrebs, Vortrag Polizeidirektion Schwabach, Schwabach, 17.07.2002

145) Paul E., Die Schattenseiten des Sonnenlichtes, Vortrag vor Mitgliedern des Rotary-Clubs, Nürnberg, 28.10.2002

146) Paul E., Bewegung unter der Sonne – wie wirkt die Sonne auf unsere Haut, Gesundheitsprojekt „Wir sind auch für uns da" im Hörsaal des Klinikums Nürnberg, Nürnberg, 17.03.2003

147) Paul E., Die Schattenseiten des Sonnenlichtes, Vortrag vor der Landfrauengruppe d. Bayerischen Bauernverbandes Wieseth u. Umgebung, Wieseth, 31.03.2003

148) Paul E., Die Schattenseiten des Sonnenlichtes, Vortrag vor der Landfrauengruppe d. Bayerischen Bauernverbandes Aurach u. Umgebung, Aurach, 08.04.2003

149) Paul E., Licht und Haut – Die Schattenseiten des Sonnenlichtes, Vortrag vor Mitarbeitern der Firma adidas-Salomon, Herzogenaurach, 16.07.2003

150) Paul E., Die Schattenseiten des Sonnenlichtes, Vortrag vor Mitgliedern des Rotary-Clubs Nürnberg, Nürnberg, 25.07.2003

151) Paul E., Das Melanom – ein idealer Vorsorgetumor, Vortrag anlässlich des Nürnberger Fortbildungskongresses der BLÄK, Nürnberg, 05.12.2003

152) Paul E., Die Schattenseiten des Sonnenlichtes, Öffentliche Veranstaltung des Bayerischen Bauernverbandes, Bernau, 08.03.2004

153) Paul E., Die Schattenseiten des Sonnenlichtes (Schutz der Haut vor Schäden durch ultraviolette Strahlung), Vortrag vor Arbeitern, Angestellten der Stadtwerke Erlangen, Erlangen, 29.04.2004

154) Paul E., Die Schattenseiten des Sonnenlichtes – über den richtigen Umgang mit der Sonne, Vortrag vor Laien, Gemeindehaus Wilhelmsdorf, Wilhelmsdorf, 04.05.2004

155) Paul E., Schutz der Haut vor Schäden durch ultraviolette Strahlung, Vortrag vor Arbeitern, Angestellten, der Stadtwerke Erlangen, Erlangen, 06.05.2004

156) Paul E., Vorsicht Sonne! Die Schattenseiten des Sonnenlichtes, Vortrag vor Lehrern und Laien der Grundschule Stein, Stein, 13.05.2004

157) Paul E., Der richtige Umgang mit dem Sonnenlicht, Vortrag vor Lehrern des Emmy-Noether-Gymnasiums Erlangen, 17.05.2005

158) Paul E., Melanome – ideale Vorsorgetumore, Vortrag anlässlich der 60. Fortbildungsveranstaltung „Hautalterung und Hauttumore durch das Sonnenlicht" des Vereins Mittelfränkischer Dermatologen u. des Fördervereins zur Vorbeugung und Früherkennung von Hautkrankheiten e.V., Meistersingerhalle Nürnberg, 10.07.2004

159) Paul E., Mechlin A., Der schwarze Hautkrebs – der ideale Vorsorge-Tumor, Öffentliche Vortragsveranstaltung anlässlich der 60. Fortbildungsveranstaltung „Hautalte-

rung und Hauttumore durch das Sonnenlicht" des Vereins Mittelfränkischer Dermatologen u. des Fördervereins zur Vorbeugung und Früherkennung von Hautkrankheiten e.V., Meistersingerhalle Nürnberg, 10.07.2004

160) Paul E., Wieviel Sonne toleriert meine Haut (Messung der UV-Toleranz, Bestimmung des Hauttyps), Vortrag vor Laien anlässlich einer Vorstellung des Klinikums Nürnberg auf der Consumenta ,Nürnberg, 27.10.2004

161) Paul E., Hautkrebserkrankung und Vorbeugung, Vortrag Förderkreis der Kreisklinik Roth, Nürnberg, 27.04.2005

162) Paul E., Die Schattenseiten des Sonnenlichtes, Vortrag vor Lehrern, Eltern und Schülern des Hardenberg-Gymnasiums anlässlich der Hautkrebswoche 13.-17. Juni, Nürnberg, 13.06.2005,

163) Paul E., Die Hautkrebs-Vorsorge – Warum ist sie so effektiv?, Seminar für Patienten und Betroffene, Hautklinik Nürnberg, 22.03.2006

164) Paul E., Licht und Haut, Vortrag vor Lehrern, Eltern und Schülern der Grundschule Ornbau, Ornbau, 26.04.2006

165) Paul E., Licht und Haut, Vortrag vor Lehrern, Eltern und Schülern der Grundschule Lichtenau, Lichtenau, 10.05.2006

166) Paul E., Melanom, Vortrag anlässlich der 71. Fortbildungsveranstaltung des Vereins Mittelfränkischer Dermatologen, Nürnberg, 28.02.2007

Kurzportrait Professor Dr. med. Eberhard Paul

16. August 1942
Geboren in Hersfeld, späteres Bad Hersfeld

1963
Abitur an der „Alten Klosterschule“ in Hersfeld

1963 – 1969
Studium der Humanmedizin an der Justus-Liebig-Universität Gießen

1965 – 1969
Promotion bei Prof. Dr. Drs. h. c. A. Oksche, Anatomisches Institut der JLU – Gießen

16. Februar 1970
Approbation

1970 – 1974
Weiterbildung zum Arzt für Dermatologie und Venerologie am Zentrum für Dermatologie und Andrologie der JLU-Gießen (Prof. Dr. L. Illig)

09. Juli 1980
Habilitation „Cytogenetische Untersuchungen über die Entwicklung gutartiger und bösartiger Pigmenttumoren. Theoretische und klinische Folgerungen“

07. August 1986
Berufung (C3) zum Leiter des selbständigen Funktionsbereiches „Dermatologische Mikromorphologie“ am Zentrum für Dermatologie und Andrologie der JLU Gießen

01.Oktober 1988 – 31. Januar 1989
Kommissarischer Leiter der Abteilung für klinische und experimentelle Dermatologie an der JLU Gießen (nach Emeritierung von Prof. Dr. Illig)

Vom 01. Februar 1989 bis 31. August 2008
Leitender Arzt der Hautklinik am Klinikum Nürnberg-Nord, Lehrkrankenhaus der Friedrich-Alexander-Universität Erlangen-Nürnberg

Seit 13. Oktober 2008
Tätigkeit in einer Dermatologischen Privatpraxis am Mögeldorfer Ärztezentrum in Nürnberg-Mögeldorf

Ehrungen

1983
Ludwig-Schunk-Preis der Medizinischen Fakultät der Justus-Liebig-Universität Gießen

29. März 2000
Ehrenmitglied des Royal College of Physicians and Surgeons of Glasgow

09. November 2002
Verleihung der Ernst-von-Bergmann-Plakette für besondere Verdienste um die ärztliche Fortbildung

23. August 2008
Ehrenmedaille in Gold der Israelitischen Kultusgemeinde Nürnberg

14. Juni 2011
Für seine Verdienste um die Melanom-Früherkennung und die Melanom-Aufklärung in der Bevölkerung wurde Herrn Prof. Dr. med. Eberhard Paul am 14. Juni 2011 das Verdienstkreuz am Bande des Verdienstordens der Bundesrepublik Deutschland verliehen.

Biographie von Herrn Dr. Bäuml

Christoph Bäuml wurde am 30. Mai 1986 in Regensburg geboren.
Nach dem Abitur am Goethe-Gymnasium in Regensburg studierte er von 2006 bis 2012 Zahnmedizin an der Friedrich-Alexander-Universität in Erlangen.
Im Jahr 2009 wurde Herr Bäuml in das Leonardo-Kolleg der Universität Erlangen-Nürnberg aufgenommen.
Herr Dr. Christoph Bäuml ist in einer Praxis für Zahnmedizin tätig.

MIX
Papier | Fördert
gute Waldnutzung
FSC® C083411

Kolibri 360 GmbH
Ferdinand-Jühlke-Straße 7
99095 Erfurt, Deutschland
produktsicherheit@kolibri360.de